I0030906

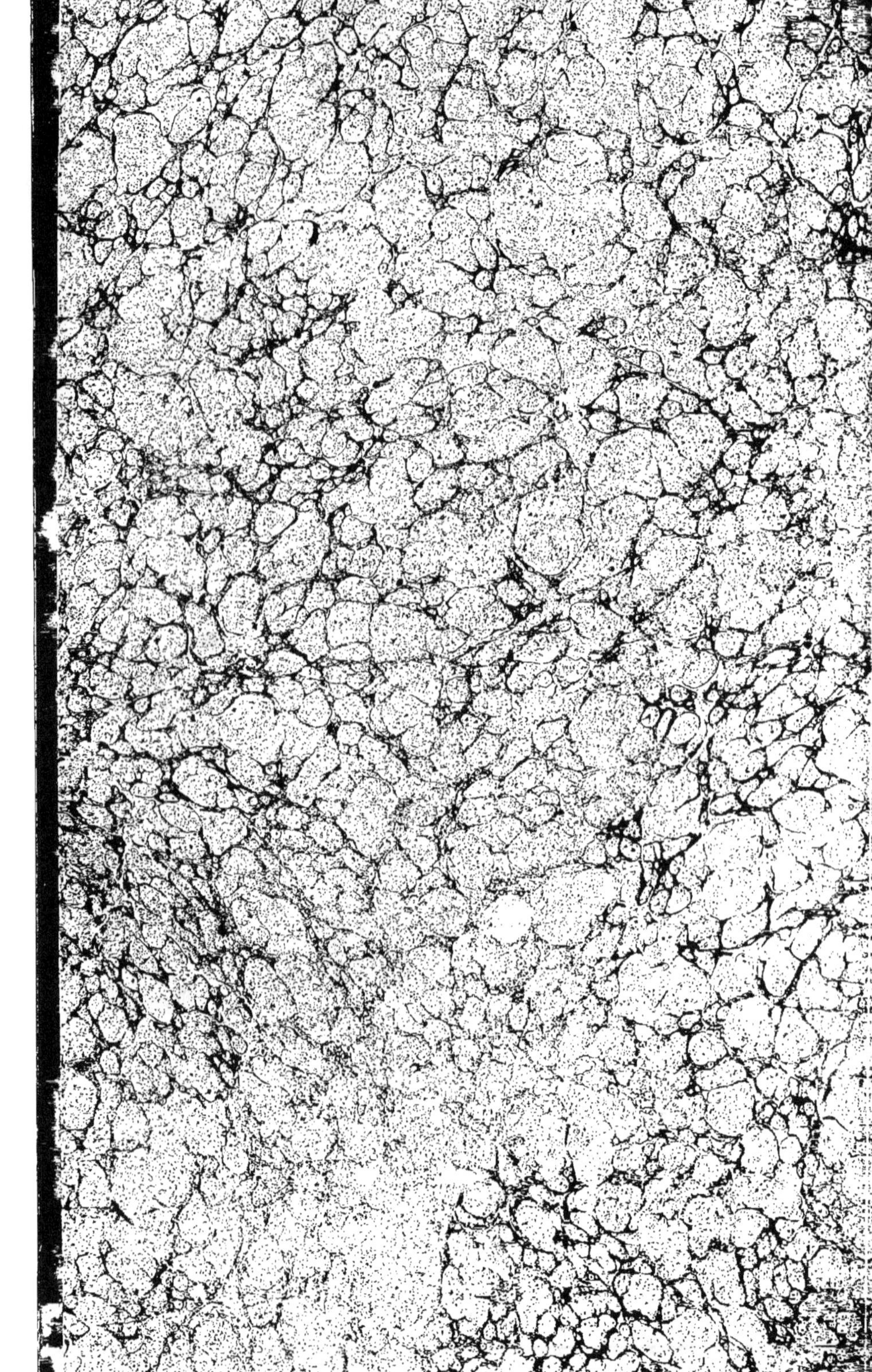

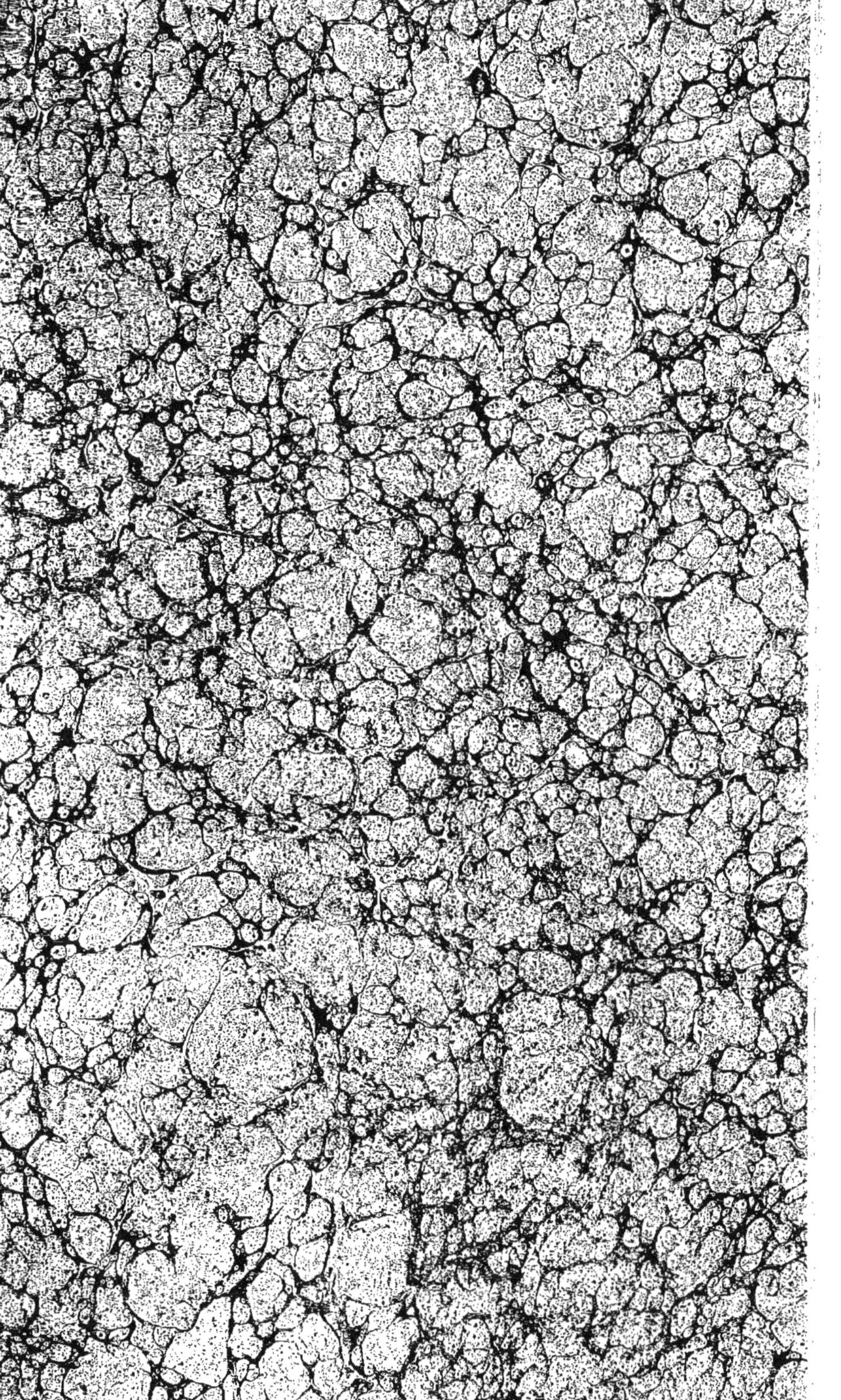

RECHERCHES

SUR

LE BÉTAIL

DE

LA HAUTE AUVERGNE,

ET PARTICULIÈREMENT

SUR

LA RACE BOVINE DE SALERS.

PAR M. GROGNIER,

Professeur à l'École royale vétérinaire de Lyon, Correspondant de la Société royale et centrale d'agriculture, etc.

PRO PATRIA.

A PARIS,

CHEZ MADAME HUZARD (NÉE VALLAT LA CHAPELLE),

LIBRAIRE DE LA SOCIÉTÉ,

Rue de l'Éperon-Saint-André-des-Arts, n°. 7.

1831.

(*Extrait des* Mémoires de la Société royale et centrale d'Agriculture. Année 1831.)

RECHERCHES

SUR

LE BÉTAIL DE LA HAUTE AUVERGNE,

ET PARTICULIÈREMENT SUR LA RACE BOVINE DE SALERS.

Bœufs de haut cru et Bœufs de nature.

Les races bovines si nombreuses, jusqu'ici si mal déterminées, qui sont répandues sur le territoire de la France, ont été divisées en deux classes. Dans l'une sont compris les bœufs désignés sous le nom de *haut cru,* dans l'autre ceux qu'on appelle *bœufs de nature.* Ces deux expressions, usitées parmi les herbagers, les éleveurs, les marchands de gros bétail, se sont introduites dans le langage de la science, quoiqu'il soit assez difficile de remonter à leur étymologie et d'en préciser l'acception. On pourrait croire que les bœufs de haut cru sont ceux qui naissent sur les montagnes, et dès lors les bœufs de nature seraient ceux qu'on élève dans les plaines; mais les bœufs qui naissent et qu'on nourrit dans les plaines du Bourbonnais, du Berry, de la Gascogne sont réputés de haut

1.

cru, tandis que ceux des montagnes de la Franche-Comté sont rangés parmi les bœufs de nature.

La distinction tirée de la taille n'est pas plus exacte.

Il est, dans la première classe, des races petites, telles que celles de la Marche ; d'autres colossales, comme celles de la Gascogne, sans parler de celles de la Suisse. On trouve dans la seconde de très petits bœufs, les bretons et les nantais, et des bœufs énormes, ceux du pays d'Auge.

On a dit que les bœufs de nature étaient ceux qui s'engraissaient le plus facilement : aptitude caractérisée par la finesse des cornes, les formes potelées de la tête et même des autres parties du corps, la finesse et le moelleux de la peau, la douceur du regard, et on a tracé, à peu de chose près, le portrait du bœuf du Charolais, dont on a fait néanmoins un bœuf de haut cru.

Selon d'autres, c'est l'épaisseur du cuir, l'abondance du suif, l'air doux ou farouche qui constituent la différence entre les bœufs dont il s'agit; mais les bœufs de haut cru de la Gascogne et les bœufs de nature de la Normandie, originaires de la Hollande ou de l'Auvergne, ont, les uns et les autres, le cuir épais et le suif abondant ; d'un autre côté, les nivernais, quoique de haut cru, ont peu de cuir, peu de suif, et ils ont cela de commun avec la race bretonne, qui est de nature. Quelles que soient d'ailleurs les races des bœufs, leur cuir est plus fort, plus épais s'ils sont élevés en plein air, que s'ils avaient été nourris à l'étable : c'est à l'épaisseur, à la force, au poids du cuir que les tanneurs de Lyon distinguent les bœufs d'herbe de ceux de pouture.

Les cuirs les plus forts de France sont fournis par les bœufs indomptables et demi-sauvages de Buénos-Ayres, et sont tannés à Bordeaux. Quant au naturel farouche, qu'on regarde comme le caractère des bœufs de la première classe, tandis que la douceur et la docilité seraient l'apanage des bœufs de la seconde, nous avons observé ce naturel dans la race Camargue, qui, dit-on, est de nature, et nous ne connaissons pas de bœufs plus doux et plus dociles que les auvergnats et les charolais, qu'on répute de haut cru.

Ainsi, cette distinction introduite parmi les bœufs de la France, qu'on a voulu étendre sur les races bovines étrangères, est vague, insignifiante, bizarre ; elle est indigne de la science, mais chère à ceux qui aiment à se payer de mots. On est fâché de la trouver longuement développée dans un ouvrage estimable de mammalogie de mon honorable confrère d'Alfort, M. *Desmarest.* Il l'avait rencontrée dans plusieurs articles de la *Feuille du Cultivateur* signés *Francourt* (1), et il l'avait accueillie avec respect, la regardant comme l'ouvrage de son illustre père, lequel se serait caché sous le pseudonyme de *Francourt,* dont personne n'avait ouï parler.

Il est certain que le savant minéralogiste *Desmarest* s'est beaucoup occupé de l'économie du bétail ; et, tout en explorant avec l'œil du génie la géognosie de l'Auvergne, il visitait dans les étables et dans les pâturages les nombreux troupeaux de cette province ; il entrait dans les chalets, que les Auvergnats nomment *burons, mazuts;* il crut reconnaître en Auvergne trois races de bœufs de haut cru, l'une à Salers, l'autre sur le Mont-d'Or, la troisième sur le Cantal ; il signale ces trois races dans un mémoire sur les centres de multiplication du bétail, qui, après sa mort, se trouva dans ses

---

(1) 5 septembre 1792 ; 8, 12, 15 et 19 du même mois.

papiers, et qui a été recueilli dans la collection des *Mémoires* de la Société royale et centrale d'Agriculture (année 1816).

Bourrets d'Auvergne.

On désigne communément sous le nom de *bourrets* les trois races bovines qu'on a cru reconnaître en Auvergne : c'est au point que le terme de *bourret* est devenu synonyme de bœuf auvergnat. Il est fort peu question de bourret dans le département du Puy-de-Dôme; on entend rigoureusement par ce mot, dans les étables et les vacheries du Cantal, un jeune mâle de six mois à deux ans, et par extension on appelle *bourrette* une femelle du même âge. Les très jeunes bourrets se nomment, selon le sexe, *tendrons* ou *tendronnes*. Depuis deux ans jusqu'à trois, ces animaux sont nommés *doublons* ou *doublonnes* (double an), et, dans la suite, *terçons* ou *terçonnes* (trois ans), et à quatre ans *quarterons*, ou bœufs proprement dits.

Voici l'étymologie du mot *bourret* : nos veaux-élèves âgés de six mois en ont passé quatre ou cinq dans les pacages élevés, et lorsqu'ils en descendent dans le milieu d'octobre ils sont couverts d'une bourre longue, frisée, cotonneuse, et bien différente de celle que portent les veaux nourris dans les bas pays; la différence est telle, qu'il est presqu'impossible au moindre connaisseur de ne pas distinguer les *bourrets* qui ont été nourris à la montagne, des veaux qui ont été élevés dans les plaines. Les premiers, qui garnissent particulièrement les foires de l'automne, sont plus recherchés.

La dénomination de *bourret* n'appartient donc, dans la réalité, qu'au jeune animal de l'espèce bovine d'Auvergne, âgé de plus de six mois, de moins de deux ans, et qui a été nourri à la montagne ; mais, dans ce pays, on l'a étendue à tous ceux du même âge et de la même race, eussent-ils été élevés en plaine. C'est un abus contre lequel réclament sans cesse les bons éleveurs auvergnats.

Unique race bovine de la haute Auvergne, celle de Salers.

Avant *Desmarest*, M. *de Brieude* avait admis trois races de bœufs auvergnats : il les avait décrites à sa manière dans une *Topographie médicale de la haute Auvergne*, qui fut présentée, en 1780, à la Société royale de médecine de Paris, dont il était correspondant.

Ce travail fut inséré dans la Collection des Actes de cette Compagnie, pour les années 1782 et 1783. Il valut à son auteur une médaille de la part de l'impératrice de Russie Catherine II, ainsi que les éloges du professeur *Pinel* (1).

Sur la foi du savant *Desmarest*, de M. le docteur *de Brieude* et de leurs copistes, j'ai, jusqu'en 1822, supposé en Auvergne trois races bovines distinctes : l'une sur le Puy-de-Dôme et le Mont-d'Or, l'autre sur le Cantal, et la troisième à Salers. Mais, à cette époque, ayant fait dans ce pays, qui m'a vu naître, une excursion statistique, je me suis assuré que la race du Cantal était une pure chimère ; que les bœufs les mieux faits et les plus vigoureux, que les vaches les plus belles et les meilleures laitières des arrondissemens d'Aurillac, de Murat et de Saint-Flour avaient, d'une manière plus ou moins prononcée, les caractères de la race de Salers, que ces animaux en étaient extraits ou du moins originaires.

En étudiant cette belle race, je lui reconnus les qualités des bœufs de nature unies à celles

---

(1) *Méthode d'observations en médecine*, tome I, page 125. 4e. édition.

des bœufs de haut cru, et dès lors me parut inexacte et futile cette classification.

Je communiquai quelques résultats de mes recherches à la Société d'Agriculture et commerce de l'arrondissement d'Aurillac, et cette Société voulut bien ordonner la publication de mon mémoire dans son *Bulletin* (1). J'y signale ainsi notre race bovine.

Caractères de cette race.

« Taille moyenne de quatre pieds à quatre pieds six pouces ; poil court, luisant, presque toujours d'un rouge vif ; tête courte ; front large ; cornes grosses, luisantes, ouvertes, et légèrement contournées à la pointe ; épaules grosses ; poitrine large ; fanon très bas ; corps épais et ramassé ; croupe volumineuse ; extrémités courtes, larges, nerveuses. On peut ajouter l'allure lente, pesante, l'aspect très vigoureux, une physionomie annonçant de la douceur et de la docilité. Les bœufs de cette race précieuse sont de tous ceux de la France les

(1) *Bulletin de la Société d'Agriculture, arts et commerce du département du Cantal*, n°. 3. Août 1822, pages 17 et 18.

plus propres au labour, surtout sur les pentes escarpées. Quant aux vaches, leur conformation se rapproche beaucoup de celle des bœufs ; elles fournissent un lait riche en principe caséeux.

» Ce n'est pas dans toute la haute Auvergne qu'on rencontre le bétail dont je viens de tracer les caractères. Dans cette province, comme dans d'autres, il est des bestiaux faibles, chétifs, qui n'offrent le type d'aucune race ; celui de la race de la haute Auvergne est à Salers. »

Cinq ans après, dans l'automne de 1827, me trouvant encore à la terre natale et dans les mêmes circonstances, je repris le cours de mes recherches : je visitai les étables, les pacages et les mazuts de Salers ; je me rendis à la foire de Maillargue, l'un des principaux rendez-vous du bétail de la France ; je poussai jusqu'à Landes-Pradt, entre Marcénat et Allanches, plateau marécageux, où M. l'ancien archevêque de Malines a cru devoir établir une colonie de bêtes à cornes de la Suisse, pour démontrer qu'en fait de bétail, du moins, la race était tout, le climat, le pâturage, le régime rien.

Ce paradoxe bizarre, que nous discuterons peut-être plus tard, se trouve exprimé dans deux ouvrages de M. l'abbé *de Pradt ;* l'un sous le titre de : *État de la culture en France, et des améliorations dont elle est susceptible*, 1802, in-8°; l'autre, intitulé : *Voyage agronomique en Auvergne, précédé d'observations générales sur la culture de quelques départemens du centre de la France*, 1803, in-8° (1).

Ces deux publications portent le cachet pittoresque et original d'un auteur qui, plus tard, s'est exercé avec gloire sur des sujets plus analogues à son genre de talent. M. *de Pradt* a parlé beaucoup du bétail de l'Auvergne, qu'il range à tort, dans le dernier de ces ouvrages, parmi les petites races bovines, tandis qu'il surpasse les moyennes, comme on pourra s'en assurer par des tableaux de mensuration qui sont joints à ce Mémoire.

Ce fut pour avoir une idée plus exacte et plus étendue de cette belle race, ainsi que de son régime, de ses produits, etc., que, ne me

(1) Une nouvelle édition de cet ouvrage vient de paraître sous ce titre : *Voyage agronomique en Auvergne*; par M. *de Pradt*, ancien archevêque de Malines. Nouvelle édition, revue et augmentée du *Tableau des améliorations introduites et des établissemens formés depuis quelques années dans l'Auvergne*. Paris, Madame *Huzard*, 1828, in-8°, 260 pages.

bornant pas à mes observations personnelles, j'ai consulté l'expérience des agronomes et des vétérinaires de mon pays. J'ai reçu des renseignemens précieux de MM. *Joanny*, vétérinaire à Salers; *Morin*, vétérinaire à Mauriac; *Felgère*, vétérinaire à Saint-Flour; *Marty*, juge de paix à Saint-Cernain; *Esquirou de Parieu*, maire d'Aurillac; *Bertrandi*, maire de Salers; et *Bonnefonds*, secrétaire de la Société d'Agriculture et commerce d'Aurillac.

Je me suis de plus en plus convaincu qu'il n'existait dans la haute Auvergne qu'une seule race bovine bien déterminée, celle de Salers : indépendamment des caractères que j'avais signalés dans cette race, j'ai remarqué l'abondance des poils hérissés qui tapissent le front du taureau, la grosseur de l'encolure, principalement à la partie supérieure; la largeur des fesses, la petitesse des hanches, la saillie des muscles et des tendons, l'attache de la queue fort élevée, et cette partie formant près de son origine un demi-cercle qui rappelle la même particularité dans les chevaux arabes, l'horizontalité d'une ligne partant de la nuque pour se terminer à l'origine de la queue, et la forme cylindrique du corps, qui, malgré son volume, offre, pour ainsi dire, la même grosseur près du sternum au nombril et vers les mamelles. Cette dernière conformation, qui ne peut appartenir qu'aux plus beaux taureaux, est désignée sous le nom de *ventre de cheval*. On les estime beaucoup, ainsi que ceux qui ont les côtes larges, les jarrets presque droits, les onglons rapprochés dans le repos, se séparant aisément dans la marche, la robe uniforme, soit qu'elle soit alezane, claire, rouge ou marron. La largeur des côtes en particulier est d'une grande considération aux yeux des acheteurs.

Il suffit à Salers, chez les éleveurs attentifs, de la moindre tache sur la robe d'un taureau ou d'une génisse pour l'exclure de la reproduction.

C'est donc bien à tort que M. *Devèze de Chabriol* donne pour caractère de la race bovine d'Auvergne des taches blanches sur la tête, à la queue et sur le dos (1). Les mêmes taches se trouvent sur le poitrail du bœuf auvergnat, tracé par M. *Desmarest* dans sa *Mammalogie*, d'après M. *Francourt* (2). Cependant, *Desmarest*

---

(1) *Annales de l'Agriculture française*, 2e. série, 18.0, tome IX, page 94 et suivantes.

(2) *Mammalogie*, ou *Description des espèces de mammifères*. Paris, 1820-1822, gr. in-4°, seconde partie, p. 501.

père, dans le mémoire précédemment cité, dit que les bœufs de Salers étaient roux.

En parlant des races bovines, dans son excellent article *Bœuf*, du *Nouveau Dictionnaire d'Agriculture*, le respectable M. *Tessier* parle aussi des bœufs de la belle race d'Auvergne, dont la robe est blonde, blanche, noire, bigarrée de blanc et de rouge (1).

Sans doute qu'il sort de l'Auvergne des bœufs bigarrés; mais ils n'appartiennent point à la belle race du Cantal, je veux dire à celle de Salers. La robe bigarrée est l'un des caractères essentiels de la race du Puy-de-Dôme, qu'on appelle encore race d'Auvergne, race qui est si inférieure à notre belle race de Salers par ses formes lourdes et massives, le gros volume des parties antérieures comparativement aux parties postérieures, lesquelles sont quelquefois resserrées au point que les paysans les appellent *pointues*, surtout par le degré de force et de vigueur, ainsi que par l'aptitude au travail dans le mâle et à la lactation dans la femelle.

Cette race du Puy-de-Dôme et du Mont-d'Or, qui laboure et fournit du lait jusque dans la

---

(1) *Nouveau Cours complet d'Agriculture*. Paris, *Déterville*, 1821, tome III, page 32.

partie du Lyonnais limitrophe du Forez, a des caractères bien prononcés.

Détails sur la race du Puy-de-Dôme, les lieux qu'elle habite, et son origine.

Ainsi l'ancienne province d'Auvergne possède deux races bovines et non trois, comme on le croit communément. La moins précieuse est celle qui pâture sur le Mont-d'Or, sur les montagnes appartenant aux cantons de la Tour-Picherande, Besse, Lagodiville, Brionne, Église-Neuve, sur presque toute la ligne qui passe sur ces communes et celle qui s'étend entre Ardres et Issoire. Elle est descendue dans la plaine de Limagne, où M. *de Pradt* la place exclusivement : c'est bien à tort qu'il dit que le bétail des montagnes du Puy-de-Dôme est toujours fauve ou rouge. Cette même race bigarrée a pénétré dans une partie du département du Cantal, voisine de celui du Puy-de-Dôme : on la trouve dans quelques communes des cantons de Champs-Marcénat et Allanches, et notamment sur le vaste plateau de Landes-Pradt, où M. *de Pradt* a établi sa ferme expérimentale.

Au reste, cette race massive, bigarrée, qui

règne dans le département du Puy-de-Dôme, est probablement sortie de la race suisse ; elle s'en rapproche non seulement par le volume du corps, par les nuances du poil, mais encore par la largeur du front, l'évasement du mufle, la direction des cornes, le peu d'aptitude au travail; elle a des rapports avec celle de la Guyole, de l'Aveyron, dont l'origine est peut-être la même.

Incertitudes sur l'origine de la race de Salers.

Mais quelle est l'origine de celle de Salers? S'il faut s'en rapporter à M. *Lullin de Châteauvieux*, la race de Salers, qu'il nomme *quercinoise,* parce qu'il l'a rencontrée dans le Quercy, serait le produit d'un ancien croisement entre la race de la Suisse et celle du Charolais (1). Le célèbre agronome n'eut garde de pousser jusqu'aux montagnes d'Auvergne, attendu, dit-il fort obligeamment pour nous autres Auvergnats, qu'ayant atteint Alby, il se trouva *au terme des routes et des pays civilisés;* il eut, ajoute-t-il, besoin d'un guide et d'un roussin pour se rendre à Rodez. J'ignore par quelle

(1) *Bibliothèque universelle.* Juillet, 1827.

voie un autre agronome, non moins célèbre, *Arthur Young*, pénétra jusque dans nos montagnes : on se souvient de l'y avoir vu quelques années avant la révolution, et il a consigné, dans son ouvrage, que ce n'est pas *une province si pauvre que l'Auvergne, que ses hautes montagnes nourrissent pour l'exportation de nombreux troupeaux* (1). Il avait vu ceux de Salers; il ne lui vint pas dans l'idée que cette belle race était issue de l'une de celles de l'Helvétie : M. *Lullin* ne nous dit pas d'après quels motifs il lui suppose cette origine; il parle seulement d'importations de bétail suisse qui, à diverses époques, ont eu lieu en Auvergne. J'ai consulté sur ce fait la tradition de Salers; elle n'a conservé aucun souvenir de ces importations, auxquelles personne ne croit dans le pays : c'est dans d'autres cantons de la haute Auvergne qu'antérieurement à M. *de Pradt* on a vu arriver, à différentes époques, du bétail suisse, qui ne prospéra pas et auquel on ne tarda pas à renoncer.

Un éleveur, nommé *Serres*, de Soubrevèze, canton de Murat, avait importé, il y a environ

(1) *Le Cultivateur anglais*, tome XVII, page 22.

vingt-huit ans, une douzaine de vaches suisses avec un taureau; il ne réussit point, et ne garda que deux ans le troupeau étranger; il acheta des vaches du pays et il fit venir un taureau de Salers. Plus anciennement, un autre éleveur, nommé *Vidal*, établi d'abord à Scheïlade, canton de Murat, ensuite à Recusset, canton de Salers, avait introduit dans ses étables du bétail suisse; mais bientôt deux motifs le déterminèrent à y renoncer; il ne pouvait se défaire de ses élèves, et beaucoup de ses vaches ne retenaient pas; elles étaient, ce qu'on appelle dans le pays, *mules*.

Tous les éleveurs que j'ai interrogés à Salers, et ils étaient en grand nombre, ont été unanimes sur ces deux points : c'est très rarement qu'on a introduit dans le canton des vaches ou des taureaux suisses pour les mêler avec la race du pays; ce croisement n'a offert d'autre avantage que de donner de plus gros veaux pour la boucherie, et ce n'est pas à la boucherie que sont destinés spécialement les veaux de Salers.

Ancienneté de la réputation de cette race.

Il serait difficile de préciser l'époque où l'on a commencé à élever à Salers du bétail pour l'exportation. M. *Lefebvre d'Ormesson*, intendant d'Auvergne, qui, en 1699, dressa par l'ordre du Roi, et pour l'instruction de l'héritier du trône, la statistique de cette province, déclare que les meilleures montagnes de sa Généralité pour l'élève des bestiaux étaient celles de Salers, et il dit plus bas *que le Quercy tire ses bœufs de service de l'Auvergne.*

L'illustre *Chabrol* a dit, dans son livre de la *Coutume d'Auvergne* (tome IV, page 724), que le territoire de Salers et des environs est celui de la haute Auvergne où les pacages sont les meilleurs, les plus abondans, le bétail le plus beau et les fromages les plus renommés.

La race bovine de Salers est sans doute fort ancienne. M. *de Ribier* dit, dans son *Dictionnaire statistique du Cantal*, qu'avant l'établissement de grandes vacheries les montagnes de Salers étaient couvertes de troupeaux de moutons, de même que les montagnes du Puy-de-Dôme. Les laines de ces moutons étaient, dit-on, estimées au point que les Espagnols en achetaient beaucoup; le reste servait à la fabrication de draps qui avait lieu dans le pays. On m'a montré, aux archives de la mairie de Salers, des réglemens sur ce genre d'industrie antérieurs au seizième siècle, qu'on m'a dit être les plus modernes. L'acte le plus ancien, relatif aux vacheries de Salers, que j'ai pu découvrir, m'a été communiqué par M. *Rougier*, juge de paix de ce canton; il est daté de 1644 : c'est une expertise ayant pour objet une fromagerie du Falgoux, bailliage de Salers. On y relate, comme chose remarquable en Auvergne, que les fromages du Falgoux valent dix livres le quintal. Cinquante-six ans après, M. *Lefebvre d'Ormesson* faisait observer que le fromage de Salers était estimé au point de se vendre depuis onze jusqu'à treize livres le quintal, et toujours un peu plus que celui des autres montagnes de l'Auvergne.

Lieux qu'elle occupe.

Les montagnes au milieu desquelles est bâtie la ville de Salers sont les principaux foyers de la race bovine d'Auvergne. Cette ville, qui, selon la tradition du pays, fut fondée ou rebâtie par des princes de la maison de Salerne, qui lui donnèrent leur nom vers le douzième siècle, ne compte que mille quatre cent soixante-dix-sept habitans, presque tous aisés et hospitaliers comme on l'est dans les populations pastorales. Salers est l'une des villes les plus élevées de France; elle n'est qu'à environ deux cents mètres au dessous de Puy-Mari, qui en est peu éloigné. Ce puy a lui-même mille six cent cinquante-neuf mètres au dessus du niveau de la mer. L'air y est froid et vif, les récoltes des environs en céréales presque nulles; cependant le peu de terrain qu'on y cultive donne en seigle de belles récoltes, et se couvre naturellement, après la moisson, d'herbes assez hautes pour être fauchées avant l'hiver. Les arbres sont fort rares dans cette localité; toute l'industrie est en bétail et en fromage.

Les communes du canton de Salers les plus riches en bétail sont à peu près dans l'ordre suivant : Salers, Fontanges, Saint-Bonnet, Anglars, Saint-Paul-de-Salers, Saint-Projet, Saint-Martin-Valméroux, Saint-Vincent, Saint-Chamans, Saint-Remy, le Falgoux.

En parcourant ce canton, deux vacheries surtout m'ont frappé par leur beauté; celle de M. *Vacher* de Tournemine, ex-membre de la chambre des députés, dont la montagne est à Riniat, commune d'Anglars; celle de M. *Lizet*, aux portes mêmes de Salers; et soit dit en passant, ce n'est pas sans quelque émotion que j'ai vu les ruines de l'humble manoir qui fut le berceau de *Pierre Lizet*, qui, fils d'un paysan de Salers et simple avocat, s'était élevé jusqu'à la première présidence du parlement de Paris, et qui, après avoir joui de la faveur de François Ier., tomba dans une profonde disgrace, et mourut oublié dans le couvent de Saint-Victor, à Paris. Ses descendans, au bout de trois siècles, sont ce qu'étaient ses aïeux, des montagnards pasteurs. S'il était vrai, comme ils me l'ont dit, que leurs vacheries datent de *Pierre Lizet,* il faudrait remonter à une époque bien reculée pour arriver à l'origine de l'industrie pastorale qui distingue la haute Auvergne.

Un autre pasteur, M. *Bertrandi,* maire de Salers, possède aussi à Tongouse, près Salers, un fort beau bétail. Le nom de M. *Bertrandi* rappelle un médecin de sa famille, qui, pour le prix de ses services contre une épidémie qui régna dans la Généralité de Riom, obtint de Louis XIV des lettres de noblesse.

Tous les pasteurs de Salers conservent précieusement leur belle race bovine : on la retrouve ailleurs que dans ce canton; elle existe en effet dans ceux de Mauriac, notamment dans la commune de ce nom et dans celles de Vigean et de Drugeac. Elle règne dans presque tout le canton de Riom-des-Montagnes, où les vaches abondent, et où les autres bêtes bovines sont fort rares, dans une grande partie de celui de Saignes, et même dans celui de Pleaux, notamment à Escoraille.

Je l'ai revue dans les deux cantons d'Aurillac, ma ville natale ; elle est entretenue aussi dans celui de Vic-sur-Cère, même arrondissement, et dans les cantons d'Allanches et de Marcénat, arrondissement de Murat. Tout le beau bétail de ces territoires est originaire de Salers ou des cantons voisins, qui, depuis un temps immémorial, ont conservé la pureté de la race. Ce bétail ne s'y maintient que sous la condition d'une nourriture abondante et même sous celle de l'introduction périodique de quelques taureaux du territoire de Salers pour arrêter la pente à la dégénération.

Données sur sa population comparée à celle de tout le gros bétail du Cantal.

Dans les montagnes où règne la race de Salers, il y a, comme dans le reste de l'Auvergne, de petites et de grandes métairies; ces dernières seules ont des vacheries.

Si le système des fruiteries par association, tel qu'il existe en Suisse, s'établissait en Auvergne, le propriétaire d'un petit nombre de vaches pourrait les envoyer au pacage où se font les fromages, tandis que s'il en a moins de vingt elles ne sortent pas de la métairie, elles ne sont point vaches de montagne.

La plus grande partie des vaches du canton de Salers est de montagne, et l'on peut en déterminer le nombre par la quantité de fromages qu'elles fournissent; elle est annuellement de dix mille quintaux, d'après les registres du poids de la ville que j'ai consultés. Chaque vache en donne au moins deux ; ce sont donc cinq mille vaches de montagne pour les onze communes du canton de Salers.

On peut évaluer seulement à un nombre pareil les vaches de même race et de même destination nourries dans les cantons de Riom-des-Montagnes, de Saignes, Pleaux, Aurillac, Allanches et Marcénat; total dix mille vaches fournissant vingt mille quintaux de fromage, c'est à dire près de la moitié de la masse qui se récolte dans tout le département du Cantal (année commune), laquelle ne s'éleverait tout au plus qu'à quarante-deux mille quintaux d'après l'évaluation de M. *Leterme,* secrétaire général de la préfecture du Cantal, qui, en 1817, a publié un annuaire de ce département (1). Le même

(1) *Annuaire statistique du Cantal*, 1817, page 155.

auteur avait, dans le même ouvrage, évalué cette masse à cinquante mille quintaux (1).

Je me suis assuré, d'un autre côté, que quarante-sept mille quintaux de fromages étaient portés, année commune, aux poids publics de ce département; mais on n'y porte que la moindre partie des fromages destinés à la consommation locale.

Les vaches d'Auvergne, étrangères à la race de Salers, donnent, terme moyen, cent trente à cent quarante livres de fromage par an; les moindres de toutes, celles de Murat, en donnent à peine cent vingt; très peu n'en fournissent qu'un quintal, quoique M. *de Pradt* ait dit que telle était la quantité ordinaire que donnent les vaches de la haute Auvergne (2). Cet auteur n'est pas plus exact quand il dit plus bas que c'est dans les vallons du Cantal que sont les meilleurs pacages de toute l'Auvergne (3).

La quantité de vaches qui ne sont pas estivées pour faire des fromages est de beaucoup plus considérable parmi les races communes que parmi celles de la race de Salers. Je manque

---

(1) *Annuaire statistique du Cantal,* 1817, p. 65.

(2) Ouvrage de M. *de Pradt,* cité page 170.

(3) *Idem,* page 171.

de données pour évaluer au juste le nombre des bêtes bovines d'Auvergne qui n'estivent pas ; je sais seulement qu'il est au moins aussi considérable que celui des bêtes qu'on envoie en estivage.

Les vaches qui n'estivent pas fournissent des veaux dont plus de la moitié est pour la boucherie ; elles donnent du lait pour être vendu en nature ou pour être converti en beurre, en petits fromages qui se consomment sur les lieux, surtout elles travaillent au labour et aux charrois. Les vaches de travail deviennent de jour en jour plus nombreuses en Auvergne, comme dans le reste de la France : c'est l'effet naturel de la division toujours croissante des propriétés foncières (1). Il est d'autres vaches qui ont cessé d'estiver ; elles restent à l'étable, parce qu'on les a réformées : on les engraisse pour les manger ou les vendre ; il en sort de cette espèce cinq à six cents du seul canton de Salers. Il est encore d'autres vaches qu'on

(1) M. l'abbé *d'Humières*, correspondant de la Société royale et centrale pour le département du Cantal, déplorait à tort ou à raison cet état de choses, il y a plus de vingt-cinq ans, dans un *Mémoire sur l'agriculture du Cantal*, inséré dans le 5e. volume de ceux de cette Société.

nomme *manes* : ce sont celles, de montagnes ou non, qui n'ont point fait de veaux pendant l'année; elles sont destinées à être engraissées : les unes restent à l'étable, les autres vont au pâturage; on les vend maigres aux foires du printemps et on les revend grasses à celles d'été ou d'automne.

M. *Devèze de Chabriol* donne au département du Cantal une population en bétail sans doute fort exagérée; car il a été conduit par des calculs à évaluer celle du seul canton de Saint-Flour à cent cinquante mille quatre cent quatre-vingts bêtes de tout âge et de tout sexe (1). Les vaches doivent figurer dans ce nombre pour près des deux tiers, et l'arrondissement de Saint-Flour n'est pas celui de la haute Auvergne où le bétail est le plus nombreux.

M. le comte *Chaptal*, qui, dans son bel ouvrage *sur l'Industrie française*, trace le tableau de la richesse bovine de la France, en 1812, attribue au département du Cantal (2):

---

(1) *Annales de l'agriculture française*, tome IX, page 100 (2 février).

(2) *De l'Industrie française*, tome Ier., page 197 (1819).

8,623	taureaux,
9,653	bœufs,
67,224	vaches,
17,482	génisses.
TOTAL. . .	102,982

J'ignore sur quels documens cet homme d'État a fondé cette évaluation, la préfecture du Cantal n'ayant pas été au nombre de celles qui répondirent à l'appel qui, pendant son trop court ministère, fut fait à toutes les préfectures pour en obtenir des renseignemens statistiques positifs et détaillés.

C'est d'après l'étendue des pâturages que M. *de Pradt* évalue la population bovine, je ne dis pas du département du Cantal ni de celui du Puy-de-Dôme ni des deux réunis, mais seulement de ce qu'il nomme la partie gazonnée de l'un et de l'autre. Cette partie gazonnée renferme, selon lui, un espace de cent soixante-quatre lieues faisant six cent quatre-vingt-quatre mille arpens, et comme il ne peut pas attribuer moins de trois arpens à chaque tête de bétail, il trouve un total de cent cinquante-deux mille têtes pour toutes les hautes montagnes des deux Auvergnes.

Voici son recensement détaillé pour 1813 :

11,623 taureaux,
11,653 bœufs,
67,224 vaches,
17,484 génisses,
41,848 veaux nés dans l'année.

TOTAL. . . 149,833 têtes (1).

Il paraît singulier que, dans ce grand espace de terrain, telle soit la proportion des bœufs et des taureaux, qu'il y ait de ces derniers ni plus ni moins que trente en sus.

Et ce qui est plus singulier encore, c'est que le chiffre des vaches soit, pour cette partie gazonnée des deux Auvergnes, absolument le même que celui du tableau tracé par M. le comte *Chaptal* pour le seul département du Cantal, soixante-sept mille deux cent vingt-quatre, ni plus ni moins. Il est à remarquer qu'aucune évaluation bovine détaillée ne se trouve dans la première édition du *Voyage de M. de Pradt*, qui parut quatorze ans avant le livre de M. *Chaptal* (2).

(1) Ouvrage cité de M. *de Pradt*, pag. 174 et 175.

(2) Nous tâcherons, plus bas, d'évaluer approximative-

Considérations sur les données statistiques.

Au reste, toutes les données statistiques sur les ressources locales d'une contrée ne peuvent conduire qu'à des évaluations approximatives; mais il est bien reconnu que ces approximations peuvent suffire pour servir de base à des règles d'économie politique et fournir des documens à l'autorité administrative.

Il ne faut pas perdre de vue que ces approximations seront constamment au dessous de la vérité lorsqu'elles émaneront de source officielle. Les autorités locales, en effet, consultées sur les ressources du territoire qu'elles administrent, sont naturellement portées à les affaiblir, craignant toujours que les renseignemens qu'on demande ne soient destinés à servir à l'assiette des impôts, et cette crainte est partagée par toutes les personnes que ces autorités interrogent. Combien de preuves de ces inexactitudes officielles n'ai-je pas rencontrées, en parcourant le département du Rhône pour y recueillir des renseignemens de statistique!

---

ment, d'après d'autres données, la population bovine du Cantal.

De la considération que je viens d'exprimer découle cette idée consolante que la France, notre chère patrie, est plus riche qu'on ne le croit généralement, d'après les documens qui, avant et après le ministère de M. le comte *Chaptal*, ont été envoyés au Gouvernement ; et comme c'est d'après ces documens que M. *Charles Dupin* a déterminé les forces productives et commerciales de la France, nous sommes très portés à croire qu'il y a beaucoup à ajouter, du moins en ce qui concerne nos richesses agricoles, au riche inventaire que ce savant a produit.

Cependant, comme on pourrait croire que cet inventaire a été affaibli dans toutes ses parties, nous y supposerons les mêmes proportions dans les établissemens qui le constituent. La France entière sera plus riche que ne la représente M. *Charles Dupin*, sans que les départemens qui la composent cessent d'être entr'eux dans les mêmes rapports. D'après cet auteur, la population des vaches en France, répartie entre les départemens, est, terme moyen, pour chacun d'eux, de quarante-six mille cinq cent quarante-sept. Il a pris cette moyenne proportionnelle sur cinquante-quatre départemens de la France septentrionale et sur quatorze du bassin de la Seine. Le département du

Cantal ne pouvait se trouver ni dans l'une ni dans l'autre de ces divisions.

Il ne m'a pas été possible de me procurer des données précises sur la population bovine du Cantal. Je sais seulement qu'elle est de beaucoup supérieure non seulement au terme moyen de M. *Dupin*, mais encore à l'évaluation absolue de M. *Chaptal*. Je donnerai plus tard quelques motifs de mon opinion.

Composition des vacheries en Auvergne, particulièrement à Salers.

Je passe à la composition des vacheries. Voici, à cet égard, les notes qu'a bien voulu me fournir M. *Bonnefonds*, notes dont tout le contenu m'a été confirmé par M. *Marty*, et que, d'ailleurs, j'ai été à portée de vérifier par moi-même sur les lieux; il s'agit des vacheries de Salers :

« Dans cette contrée, le propriétaire d'une » vacherie de quarante vaches, par exemple, » livrera au boucher, dans la première quin- » zaine après leur naissance, la moitié des » veaux qui en proviendront. Ces vingt veaux » ou vêles restans, qu'on aura choisis sur les » quarante, seront incorporés à la vacherie de » manière que chaque veau ou vêle soit adopté

» par deux vaches. Sur ce nombre de vingt, il » y aura huit ou six femelles, et par conséquent onze ou douze mâles. Sur ces huit ou » neuf femelles, le propriétaire en gardera quatre, qui deviendront bourrettes, ensuite doublonnes (génisses), et enfin terçonnes ou vaches, et qui remplaceront quatre vaches les » plus vieilles du troupeau (les vacheries sont » renouvelées par dixième). Les quatre ou cinq » autres restantes seront ou vendues comme » bourrettes, à la descente de la montagne, dans » les foires d'automne, ou nourries jusqu'à » l'âge de deux ou trois ans, comme doublonnes ou terçonnes et vendues alors.

» Quant aux veaux, le propriétaire en gardera » d'abord un nombre égal à celui des bœufs » laboureurs qu'il entretient habituellement » pour l'exploitation, et il les destinera à remplacer ces animaux. Les autres seront vendus » comme bourrets, ou élevés dans le domaine » jusqu'à l'âge de dix-huit mois, deux ou trois » ans encore comme bourrets ou comme doublons, terçons, selon que le propriétaire aura » les facilités pour les nourrir, et qu'il croira » plus profitable de les vendre au premier âge » ou de les élever jusqu'à celui de deux ou trois » ans.

» Les choses se passent différemment dans » les autres cantons du département, qui n'ont » ni les excellens pâturages de Salers ni ses » beaux bestiaux; on n'y élève que le tiers et » quelquefois le quart des veaux, les autres » sont livrés au boucher dès la première quin- » zaine de leur naissance. Les vaches étant moins » bonnes laitières qu'à Salers, chaque veau y » tète deux vaches et demie, trois, jusqu'à » quatre vaches; on ne conserve que seize, treize » ou dix veaux, encore les élèves de ces can- » tons sont-ils loin d'acquérir la beauté et la » force de ceux de Salers. Dans ces mêmes can- » tons, on n'élève qu'un petit nombre de veaux » mâles au dessus de celui qui est nécessaire » au remplacement; dans beaucoup de locali- » tés, on n'élève même de veaux que pour la » saillie (un taureau pour vingt vaches), et les » propriétaires font faire leurs travaux par des » vaches, ou achètent les bœufs dont ils ont be- » soin aux foires de Salers, Riom-des-Monta- » gnes, Mauriac, etc. (On nourrit en plus » grande proportion des veaux femelles, que » l'on destine au remplacement des vaches ré- » formées pour cause de maladies); enfin, on » vend les vaches surnuméraires.

» Il n'est pas besoin de faire observer que ces

» usages, quoique généralement suivis dans les » arrondissemens de Saint-Flour, admettent de » nombreuses exceptions, et qu'on y voit des » vacheries qui ne le cèdent pas à celles de Sa- » lers.

» Quant aux petits domaines dépourvus de » vacheries, on y élève rarement des veaux » mâles; on préfère les femelles, que l'on vend » comme bourrettes, doublonnes, etc. Les mâ- » les, en petit nombre, sont engraissés et ven- » dus, comme veaux de lait, aux bouchers du » pays ou aux marchands du Lot ou de l'Avey- » ron. »

Les vacheries de Salers et les autres de l'Auvergne qui sont bien tenues ont très rarement moins de vingt vaches ni plus de quarante. Au dessous de ce nombre, la traite journalière n'est pas assez considérable; au dessus elle l'est trop. Dans le premier cas, les frais de fabrication sont les mêmes et le produit moindre, soit pour la qualité, soit pour la quantité; dans le second, les soins, les travaux sont au dessus des moyens d'un seul vacher : nouveaux motifs pour désirer en Auvergne l'établissement des fruiteries d'association.

Jusqu'à cette amélioration, qui n'est pas très ancienne en Suisse et qui vient de s'introduire en Franche-Comté, les vacheries d'Auvergne les mieux constituées sont de trente à quarante vaches.

Quoi qu'il en soit, un troupeau de quarante vaches de Salers s'accompagne, dans les montagnes, de quatre génisses âgées de deux ans, pour remplacer les quatre vaches les plus vieilles, d'un taureau de deux ans pour servir d'étalon, de cinq tendrons pour remplacer le taureau et les quatre génisses, et de vingt veaux nés dans l'année, dont chacun a deux nourrices : en tout, soixante-dix têtes de bétail. La proportion de la jeunesse ou vassive est moindre dans les montagnes moins bonnes ; il serait néanmoins facile d'évaluer approximativement la population de la vassive d'après celle des vacheries, comme on juge de celles-ci par la production du fromage.

Quant à la partie du troupeau de montagne qui n'estive pas, il diffère beaucoup en population suivant la saison. Presque toutes les vaches descendent pleines de la montagne ; elles vêlent au commencement du printemps, depuis le 25 mars jusqu'au 25 avril. La moitié des veaux à Salers, les deux tiers en d'autres cantons de l'Auvergne vont à la boucherie quinze jours après la naissance.

Les bourrets, doublons, terçons de l'un et de l'autre sexe, qui ne sont pas destinés à recruter le troupeau, sont vendus dans le courant de la belle saison : c'est une population flottante, dont il reste fort peu de chose vers la fin de l'automne ; elle se compose, dans son maximum, d'un nombre de têtes qui égale le tiers et quelquefois la moitié de celles de la vassive, mettons vingt sur trente vaches de montagne. Dans cette réserve sont les animaux de labour, les *manes*, quelques vaches gardées pour le lait, dont on fait du beurre qu'on consomme en nature ou dont on fait de petits fromages ; de jeunes animaux qui s'écoulent successivement dans les foires ou qui sont vendus directement aux bouchers. Un très petit nombre de ces têtes sont hivernées.

Évaluation approximative de la population bovine du Cantal d'après celle des vacheries.

D'après ces données, établissons approximativement la population bovine de montagne dans le département du Cantal.

Une base s'offre à nous, la récolte du fromage ; nous en connaissons la masse par le pesage public : cinquante mille quintaux, y compris la consommation locale, qui se dérobe en grande partie au pesage public.

D'après des renseignemens positifs, nous savons que vingt mille quintaux sont fournis par dix mille vaches de race de Salers, à raison de deux quintaux par tête (terme moyen).

Reste trente mille quintaux à produire par les vaches ordinaires de montagnes ; elles donnent (terme moyen) cent vingt livres, ce qui suppose leur nombre à vingt-cinq mille. Total, trente-cinq mille vaches fromagères (1).

La suite d'une vacherie est, à Salers, dans la proportion de trente sur quarante ; elle est moins forte ailleurs : nous porterons cette suite, nommée *vassive*, à vingt-deux mille têtes ; vingt mille têtes de troupeau de montagnes restent dans les fermes pour s'écouler durant la belle saison.

Voici le bétail de montagnes dans la haute Auvergne :

---

(1) La production du fromage à cent vingt livres par tête de vache commune est un renseignement officiel, par conséquent affaibli : en l'élevant à cent trente ou cent trente-cinq, nous aurons huit ou dix mille vaches de plus et de la vassive en même proportion.

Vaches.	35,000
Suite.	22,000
Réserve de la ferme.	18,000
	75,000

Et s'il était vrai, comme on me l'a dit partout en Auvergne, que le bétail des nombreuses petites métairies dépourvues de vacheries de montagne s'élevât à un nombre au moins égal, nous aurions dans le Cantal une population bovine totale de cent cinquante mille bêtes de tout âge et de tout sexe : ce que je ne crois pas très éloigné de la vérité.

Estivage et nature des pacages.

Quoi qu'il en soit, les vacheries et leur suite sont dirigées sur les montagnes vers la fin de mai, pour en descendre vers les premiers jours d'octobre. On nomme pacage le sol où elles pâturent. On a calculé que, sans compter les veaux à la mamelle, il fallait un hectare de pâturage pour chaque bête, et cette espèce de terrain est nommée tête d'herbage ; la réunion des têtes d'herbage se nomme montagne, le pacage fût-il dans la plaine comme dans les environs d'Aurillac. Les pacages sont différens entr'eux sous le rapport de la fécondité ; c'est au point qu'ici un tiers d'hectare serait plus que suffisant pour bien nourrir une tête de bétail, tandis qu'ailleurs il en faudrait presque deux. On se plaint qu'en général les vacheries sont trop nombreuses pour l'étendue des pacages : il est un moyen de les augmenter, qu'on n'emploie que trop, c'est le déboisement. Encore quelques années, et la vaste forêt du Liaurant ne sera qu'un pacage (1).

Chaque montagne est, pour l'ordinaire, divisée en trois parties; deux, qu'on nomme *aigades,* servent, l'une au pâturage du matin, l'autre au pâturage du soir. La troisième se nomme *fumade ;* c'est là que l'on voit le *mazut* (châlet), les parcs, le lieu de la traite, celui où l'on renferme les veaux et les cochons, et où jadis paissaient les poulains. Il mérite son nom, car il est abondamment fumé. Les vachers y cultivent des raves et, depuis quelques années seulement, des pommes de terre, encore sur une fort petite étendue.

---

(1) Il vaudrait cent fois mieux laisser en pacages des terrains qu'on écobue, c'est à dire dont on brûle le gazon pour en obtenir de loin en loin quelques chétives récoltes de seigle.

Il est des pacages indivis, dans lesquels le propriétaire peut établir soixante vaches, un autre quarante, un troisième seulement vingt. Tous les troupeaux paissent pêle-mêle, mais à des heures déterminées; chaque vache sait trouver son mazut pour y apporter son lait, y recevoir sa faible ration de sel et s'abriter dans son parc. Indépendamment du parc, on place dans les montagnes des espèces de murs portatifs composés de claies; ils servent à donner de l'ombre dans les grandes chaleurs et à mettre le bétail à l'abri du vent dont on veut éviter l'influence : ces murs se nomment *ridars*. Quelques propriétaires de vacheries n'ont point de montagnes; ils en louent depuis dix francs jusqu'à vingt-cinq francs par tête d'herbage. Il est en Auvergne des montagnes tellement maigres, que pour deux francs on y a une tête d'herbage. Cet arrangement n'est avantageux ni pour l'un ni pour l'autre propriétaire.

Bonne qualité des pacages de Salers.

Les pacages que j'ai visités dans le canton de Salers reposent sur un terrain volcanique; en général, ils inclinent au levant et sont remarquables par leur fécondité. La fétuque diuruscule, que les montagnards nomment *poil de bouc*, y est moins abondante que sur les autres montagnes de la haute Auvergne. Elle compose, selon M. *Bosc* (1), presque seule les excellens pâturages de ces montagnes. M. *de Brieude* dit, en parlant du poil de bouc : « Cette nourriture tient les bestiaux sains et vigoureux, » mais en même temps maigres et secs; leur » lait est rempli de substance caséeuse, et les » fromages qui en proviennent sont plus fermes » et se conservent long-temps. Il serait à dési- » rer qu'on pût la multiplier davantage et en » fournir les basses montagnes qui en man- » quent (2). » M. *de Larbre* ne partage pas cette opinion; il dit, dans sa *Flore d'Auvergne*, que cette plante est une assez mauvaise pâture pour les bestiaux à cornes (3) : c'est l'opinion des nombreux pasteurs auvergnats que j'ai consultés; tous regardent le poil de bouc (*festuca diuruscula*) comme un pernicieux parasite dans les pacages, et ils se fondent principalement sur

---

(1) *Nouveau cours complet d'agriculture*, déjà cité, tome VI, page 387.

(2) *Topographie médicale de la haute Auvergne*, p. 13.

(3) *Flore d'Auvergne*, page 672.

ce que cette plante est peu commune dans les meilleurs de tous, ceux de Salers.

Les autres graminées que j'ai reconnues dans ces mêmes pacages sont la canche blanchâtre, *aira canescens;* le phléole des Alpes, *phleum alpinum ;* l'avoine pubescente, *avena pubescens ;* le petit agrostide, *agrostis minima.* Parmi les légumineuses les plus communes, sont le trèfle des prés, *trifolium pratense;* celui des montagnes, *lotus montanus ;* la luzerne-lupuline, *medicago lupulina.* Les plantes parasites des pacages élevés, si communes sur ceux des cantons d'Aurillac, Murat, Saint-Flour, sont rares dans les pacages de Salers; néanmoins on y voit beaucoup de grande gentiane, *gentiana lutea,* que M. *de Brieude* regarde comme le fléau de nos montagnes : c'est au point, disait-il, que quiconque trouverait le moyen de la détruire augmenterait nos richesses de plus d'un million de revenu (1); il y a bien un peu d'exagération dans ce que dit à cet égard M. *de Brieude,* et il a tort de soutenir que de tous les temps l'amertume de cette plante parasite éloigne d'elle le bétail. J'ai la certitude qu'il ne la refuse

(1) *Topographie médicale*, page 31.

pas vers l'arrière-saison, lorsque ses feuilles ont été frappées par les premiers froids de l'automne.

Il est d'autres plantes parasites et même vénéneuses, communes sur les pacages de la grande chaîne du Cantal, et fort rares, même inconnues sur les pacages de Salers. Telles sont parmi les premières plusieurs espèces de bruyères, de genêts et de chardons, le seneçon à feuilles d'aurone, *senecio abrotanifolia;* l'arnique des montagnes, *arnica montana;* le méum à feuilles de fenouil, *athamanta meum;* l'aconit *tue-loup*, *aconitum lycoctonum;* le napel, *aconitum napellus;* l'euphorbe irlandais, *euphorbia hiberna.*

Presqu'entièrement exempte de ces mauvaises plantes, la pelouse de Salers est touffue, n'offrant pour ainsi dire aucun vide, si ce n'est pour livrer passage à des ruisseaux limpides, où le bétail vient se désaltérer. L'abondance des eaux courantes n'est pas le moindre avantage des pacages de Salers; tandis que sur d'autres montagnes tantôt on est réduit à des eaux stagnantes, tantôt on est obligé d'envoyer le bétail au loin pour s'abreuver.

Pâturages dans les prés, déprimage.

Après avoir estivé sur les pacages pendant environ cent soixante jours, et avoir fourni en cet espace de temps au moins deux quintaux de fromage par tête, sans compter sept à huit livres de beurre de montagnes, et avoir nourri, des résidus de la fromagerie, un certain nombre de cochons, le bétail de Salers descend dans les vallées, où sont les fermes. Il a été ordinairement précédé par les taureaux, qui sont descendus un mois ou six semaines auparavant pour labourer. Les vaches et leur suite n'entrent pas, en arrivant, dans les étables où elles doivent hiverner; elles sont introduites dans des prés, où elles resteront, la nuit comme le jour, pendant environ un mois; elles y consommeront les dernières herbes qu'on n'aurait pas fauchées. Ces prés sont les mêmes qu'elles ont pâturés pendant un pareil espace de temps en sortant des étables et avant d'être dirigées sur les montagnes. On nomme, quand il a lieu au printemps, *déprimage* ce genre d'économie, contre lequel se sont élevés plusieurs agronomes, et auquel néanmoins les Auvergnats renonceront difficilement. Il offre, lorsque le printemps n'a encore commencé que dans les vallées, une précieuse ressource, en abrégeant un hivernage qu'on trouve toujours trop long, les vaches restant après la saison froide vingt-cinq à trente jours de moins dans des étables souvent insalubres. Pendant le *déprimage*, les veaux nés dans l'hiver restent à l'étable ; ils sont trop jeunes pour paître, ils téteraient trop et seraient incommodés par excès de nourriture et l'on perdrait sur le lait.

On accuse cette dépaissance de détériorer les prés, ne fût-ce que par le piétinement ; c'est qu'on ne distingue pas les prairies sèches de nos montagnes des herbages des plaines, où le sol est gras et mou. Les pieds de nos vaches ne s'enfoncent pas plus en général dans le sol des prés que dans celui des pacages, et peut-être font-ils sur l'un comme sur l'autre l'utile fonction d'un rouleau qui presse les racines des graminées et en facilite le tallement. Il ne faut pas confondre le pâturage du bœuf avec celui du cheval : ce dernier, vif et pétulant, galope et bondit dans la prairie ; il gratte la terre, déracine un grand nombre de plantes ; il broute les autres près du collet, il les choisit et donne à celles qu'il dédaigne la facilité de se propager et d'envahir la prairie. Le bœuf s'accommode de presque toutes les plantes ; il les broute à une certaine distance des racines, ce qui facilite singulièrement la repousse de l'herbe.

Le pâturage des vaches de montagnes dans les prés est consacré par la pratique des Suisses. Voici ce qu'on lit dans un ouvrage périodique justement accrédité de ce pays :

« Les prairies où l'on fait pâturer de temps en » temps le bétail produisent ordinairement une » herbe plus épaisse et plus laitière, quoiqu'en » moindre quantité, que les prés que l'on fauche » toujours et que l'on ne fait jamais pâturer. » Si l'on conduit de bonne heure le bétail dans » les pâturages, on profite de différentes plan» tes qui se trouveraient tellement durcies dans » le foin, qu'elles ne pourraient servir de nour» riture. Ces plantes elles-mêmes repoussent ; » elles ont une crue égale à celles qui sont plus » petites, et l'on en profite encore dans le » foin (1). »

Ressources pour l'hivernage.

Nos prairies, quoique pâturées deux fois,

(1) *Feuille du canton de Vaud*, tome VI, page 143 et suivantes.

fournissent seules à presque tout l'hivernage, qui dure quatre mois et demi à cinq mois. De même qu'un hectare de bons pacages a été jugé nécessaire pour estiver une vache, un hectare d'un pré médiocre est reconnu suffisant pour l'hivernage de cette tête de bétail.

Cet hectare de pré doit produire de quarante-cinq à cinquante quintaux, poids de marc; car telle est la quantité de ce fourrage que chaque vache consomme pendant l'hiver. La ration journalière n'est pas la même dans tout le cours de cette saison rigoureuse; elle est un peu plus forte depuis le moment de la rentrée à l'étable jusqu'au commencement de janvier, parce que c'est dans ce temps qu'on retire des vaches un produit nommé *fromage de graisse.* Dans le cours de janvier et de février, on diminue le foin et on donne de la paille, on supprime celle-ci en mars; la ration alors est mieux choisie, attendu que c'est à la fin de ce mois et au commencement du suivant que le vêlage a lieu.

Quant aux légumineuses fourragères ou racines-fourrages, elles sont à peu près inconnues dans les montagnes d'Auvergne : c'est en vain que le trèfle se présente spontanément dans les pacages; que plusieurs agronomes ont donné l'exemple de la culture de cette plante, notamment M. *Marty*, à Saint-Cernin, ainsi que M. *Daudin*, maire de Vic et correspondant du conseil d'agriculture.

Recevant, dans les cinq mois d'hiver, cinquante quintaux de foin sans compter la paille, les vaches de Salers sont bien nourries ; mais il n'en est pas de même de celles des autres contrées à vacheries de la haute Auvergne, où les fourrages sont moins abondans, surtout où l'on sent moins les avantages d'un bon hivernage, et cela malgré ce proverbe de nos montagnes : *Le fromage se fait l'hiver, il se presse l'été.* Dans ces contrées, et c'est le plus grand nombre en Auvergne, l'hivernage ne dure pas moins qu'à Salers ; il est même quelquefois plus long, et cependant on n'y a mis en réserve pour chaque vache que vingt-cinq à trente quintaux de fourrage, et si l'on donne de la paille, c'est en déduction du foin ; il arrive même quelquefois que sur la fin de l'hiver, et au moment même du vêlage, la pénurie du fourrage se fait sentir au point qu'on est obligé de rationer les vaches à six à huit livres de foin par jour, ou à l'équivalent en paille : aussi rien de triste comme l'aspect des vaches à l'issue d'un pareil hivernage ; elles rappellent, par leur maigreur, celles qui sont peintes dans l'*Apocalypse*, elles ont de la peine à se soutenir, souvent elles se laissent tomber dans les prés. On y voit des valets de fermes munis de barres pour les relever. Il suffit à ces vaches de quelques jours de déprimage pour qu'elles prennent de la vigueur, de la force, de l'embonpoint, et lorsqu'elles se mettent en route pour aller à la montagne on ne croirait pas que ce sont les mêmes qui, un mois auparavant, sont sorties des étables.

Récoltes des prés.

Les prairies qui au printemps et à l'automne subissent une dépaissance de vingt-cinq à trente jours, tout en fournissant d'abondantes récoltes, doivent être très fécondes. S'il faut s'en rapporter à M. *de Brieude*, le pâturage printanier diminue fort peu la récolte de ces prairies. Dans le printemps, dit-il, les frimas, les gelées blanches, les vents du nord, les brouillards des marais brûlent et cautérisent souvent les pointes tendres de l'herbe, les extrémités flétries ou mortes (1), et raniment par ce moyen la végétation, qui eût langui jusqu'à la chute de la portion cautérisée, de sorte qu'un pré déprimé

(1) *Topographie médicale de la haute Auvergne*, p. 28.

donne presqu'autant de foin que s'il ne l'eût pas été.

Il est vraisemblable que M. *de Brieude* n'avait consulté sur ce point que les propriétaires des prairies basses jouissant d'une irrigation abondante; ce n'est que dans ces prairies, en effet, que le déprimage peut avoir lieu, je ne dis pas avec avantage, mais sans beaucoup d'inconvénient. Mais à l'égard des prés non arrosés, le déprimage nuit à la récolte, au point de la réduire de moitié si le commencement du printemps est sec.

Le foin est à peine retiré que l'herbe repousse avec vigueur, et on a des regains que l'on coupe à la fin de septembre ou au commencement d'octobre. La récolte des regains égale, dans les bonnes années, la moitié de celle des premiers foins. On évalue celle-ci (terme moyen) à quarante-cinq quintaux par journal de neuf cents toises carrées, mais seulement dans les bonnes prairies, telles que celles des environs de Salers, de Mauriac, de Murat, de Vic, d'Aurillac, arrosées par la Cère ou la Jordane, etc. Malheureusement que la récolte des regains est fort casuelle sous un ciel où le mois d'août est souvent très sec et le mois de septembre sujet à de fréquentes gelées. L'abondance des regains est, pour nos montagnes, une grande prospérité. On les réserve pour les vaches prêtes à vêler, ainsi que pour les vaches laitières ; ils augmentent, dit-on, la quantité du lait en le rendant plus caséeux.

Après la récolte des regains, l'herbe repousse encore, et on a les dernières herbes, qui fournissent aux vaches descendues de la montagne et à leur suite ce qu'on appelle improprement le *déprimage* d'automne.

Culture des prairies des vallons.

Les prairies des vallons, qui donnent en quelque sorte quatre récoltes, dont deux sont consommées sur place et les deux autres fauchées, sont, autant que possible, voisines de la ferme; elles sont gouvernées avec le plus grand soin dans toute la haute Auvergne. Partout on a profité des sources, qui, dans cette contrée, sourdent de toutes parts, et c'est encore avec intelligence qu'on en dirige les eaux sur tous les points de la prairie, en évitant qu'elles ne stagnent nulle part. On creuse pour cela des canaux de différentes grandeurs, dont les uns se nomment *rases,* les autres *rigoles.* Il est deux espèces de *rases;* les unes vont d'un bout de pré à l'autre, et s'il est d'une certaine étendue, elles sont distantes entr'elles de quarante à cinquante pieds ; les autres rases, situées aux parties déclives, sont des canaux de décharge destinés à évacuer l'eau disposée à croupir. Les *rases* d'irrigation sont traversées par de nombreuses écluses qui facilitent l'écoulement de l'eau dans les rigoles, qui, partant des rases, coulent en tous sens et donnent naissance à d'autres rigoles plus petites, qui se distribuent et se perdent en pattes d'oie. Les *rases* d'irrigation partent d'un ou plusieurs réservoirs ou canaux pourvus d'écluses, où l'on reçoit les eaux qui descendent des parties plus élevées. Ces *rases* sont quelquefois alimentées par des prises d'eau, des rivières, des ruisseaux, des fontaines. Les prises d'eau, sur lesquelles d'autres propriétaires peuvent avoir des prétentions, donnent lieu à une multitude de procès. Il est en France peu de contrées où l'on aime plus à plaider que dans la haute Auvergne.

Les bons cultivateurs regardent comme un grand avantage d'avoir leurs prés au bas de leurs vacheries, parce qu'ils ont alors la faculté de diriger sur leurs réservoirs et leurs *rases* les eaux pluviales qui ont lavé les cours, les chemins, qui ont traversé les jardins, les chenevières, etc. Il est des cultivateurs qui portent de l'engrais dans les réservoirs et les rases.

On sait donner l'eau en temps opportun; on arrose les prés, on les *aiguaie,* suivant l'expression du pays, lorsque les gelées ont cessé; on ferme les écluses lorsque l'herbe a acquis deux ou trois pouces. Si on arrose dans les premiers jours du printemps, c'est pendant la nuit : on ne voudrait pas, dit-on, priver l'herbe de l'influence solaire d'un seul jour. Des motifs puisés dans la physiologie végétale exigent cette méthode, qu'on n'est pas si exact à suivre dans les grandes chaleurs, quoiqu'elle fût alors plus convenable, attendu que cette température accompagne pour l'ordinaire de longues sécheresses. On se dispute dans ces momens l'irrigation, et beaucoup de propriétaires ne peuvent jouir que pendant le jour de leur prise d'eau.

On arrose fort peu les regains, dans la persuasion où l'on est que les pointes de ces herbes tendres ne peuvent supporter l'eau; on se garde bien de donner l'eau aux prés non seulement quand il gèle, mais encore quand il est tombé de fortes rosées : c'est surtout en automne que les arrosemens sont pratiqués avec succès, et on n'attend pas toujours pour cela que le bétail ait quitté le pâturage; on se contente de le tenir dans une partie de la prairie, tandis que l'autre est *aiguayée.* On reconnaît des eaux maigres, c'est à dire peu propres à l'arrosement: ce sont celles qui ont déjà *aiguayé* d'autres prés, qui sortent des fontaines situées dans le pré lui-même, surtout si elles sont profondes, c'est à dire froides en été et chaudes en hiver ; celles qui résultent de la fonte des glaces et des neiges, celles qui ont traversé des bancs calcaires. On les bonifie en les rassemblant dans des réservoirs, les exposant ainsi au soleil, surtout en y délayant des engrais.

Tout ceci ne s'applique qu'aux prairies basses. Celles qui sont situées sur des plateaux élevés ne sont en général arrosées que par les eaux pluviales, et les plus favorisées par quelques ruisseaux qui y coulent naturellement. La végétation n'y commence guère avant la mi-avril: on ne les fauche qu'une fois; elles ne sont pas déprimées, mais le foin qu'on en retire est supérieur à celui des prairies basses. Un grand nombre d'entr'elles seraient avantageusement converties en montagnes, et l'on pourrait augmenter la fécondité des autres en profitant de tous les moyens d'arrosement que l'on pourrait employer.

Le produit des prés et des pacages subvient presque seul à l'alimentation des bêtes à cornes en Auvergne; on peut à peine mettre en ligne de compte la paille, qui y entre comme supplément. Quant aux légumineuses fourragères, aux raves, turneps, aux racines de disette et à tant d'autres végétaux, qui ailleurs fournissent des ressources abondantes pour alimenter le bétail, tout cela est à peu près inconnu dans la haute Auvergne : c'est avec du foin seul qu'on engraisse des vaches à Salers et des bœufs dans d'autres cantons. C'est avec de l'herbe seule que l'on fait des bœufs gras sur quelques pacages des arrondissemens de Saint-Flour et de Murat, qu'on nomme *montagnes de graisse*. Si dans quelques parties des environs d'Aurillac et dans quelques autres campagnes où le labourage a quelqu'importance on cultive quelques plantes fourragères particulières, c'est pour les bœufs de labour. Ces plantes sont ici le trèfle bisannuel, le millet, ailleurs un peu de luzerne ; on donne ces plantes à l'étable pendant le temps du repos, qui dès lors se trouve plus court, les animaux n'allant pas chercher leur nourriture au pré, et dans le temps des labours l'herbe pouvant difficilement être fauchée. Des cultivateurs sont parvenus à augmenter de deux ou trois heures par jour le travail de chacun de leurs attelages, en donnant à l'étable ces fourrages.

Parcimonie dans la distribution du sel.

Un autre grand défaut dans l'alimentation du bétail de l'Auvergne, c'est la parcimonie avec laquelle on lui distribue le sel. Il est des pays où l'on donne tous les jours de trois à quatre onces de sel à chaque tête de bétail, ce qui fait par mois au moins cinq livres et par an plus de soixante livres.

Voici quelle est en général la dose journalière du sel en Angleterre :

Vache.	4 onces,
Bœuf à l'engrais. . .	3 onces,
Bœuf de travail. . . .	4 onces,
Jeune bête.	2 onces,
Veau.	1 once.

M. le marquis *de Panges,* parlant à la tribune de la chambre héréditaire, le 19 juin 1825, contre l'exigence du fisc, dans l'intérêt de l'agriculture, disait que ce n'était pas trop de quarante kilogrammes de sel pour la consommation annuelle d'un bœuf. Il citait l'Angleterre, où l'on entend mieux qu'en France l'intérêt de la prospérité publique, et où le sel employé au besoin de l'agriculture est exempt de toute taxe. L'Auvergne jouissait, avant la révolution, d'un privilége semblable, mais seulement pour la salaison des fromages. Le maintien de cette exemption, et la demande qu'elle fût étendue sur la nourriture du bétail, furent exprimés dans les cahiers de l'assemblée provinciale d'Auvergne, en 1788. C'est une réclamation qu'ont reproduite plusieurs fois en vain à la tribune de la chambre élective deux honorables députés du Cantal, MM. *Delzons* et *Guittard*.

Le bétail est rarement malade dans les pays où on lui distribue convenablement du sel ; les bœufs y sont plus vigoureux et s'engraissent plus aisément, les vaches y donnent plus de lait. Les bons effets du sel sur le bétail sont non seulement reconnus par une expérience constante, mais encore démontrés par la théorie. On sent, en effet, qu'un condiment est très convenable pour des animaux soumis à un régime artificiel, dont les organes digestifs ont grand besoin d'être excités. D'un autre côté, l'appétence que les herbivores, et principalement les ruminans, témoignent pour le sel, est une preuve que cette substance est très appropriée à leur constitution:

c'est pour obtenir une très faible dose de sel que les vaches disséminées sur les montagnes accourent au parc; c'est en criant au sel (*ol saou*) que les vachers excitent les plus paresseuses. Ils se contentent, pour ainsi dire, de leur faire lécher leurs mains imprégnées de sel. Il est telles vacheries de vingt vaches qui, pendant tout l'estivage, ne consomment pas cent soixante livres de sel (dix livres par tête), et pendant tout l'hivernage elles en ont moins encore ou pas du tout. Il est rare qu'on en donne aux bœufs de labour.

D'où vient cette excessive parcimonie d'une substance qui serait si utile pour le bon entretien du bétail? de l'exigence du fisc. Dans aucune de ses branches innombrables, le fisc n'est aussi exigeant et aussi injuste que dans l'impôt du sel. Aux bords de la mer, cette substance de première nécessité vaut environ un franc le quintal métrique, et avant d'arriver jusqu'aux consommateurs, ce quintal arrive à vingt-huit francs cinquante centimes, c'est à dire à peu près à trente fois sa valeur. Et sur qui pèse presqu'en entier un impôt dont le taux s'élève à plus de soixante et un millions? sur l'indigence et l'agriculture pastorale. On ne saurait apprécier la consommation du sel qu'on fait en Auvergne pour la fabrication du fromage; on le sale au hasard. J'ai vu introduire quatre livres de sel dans un fromage de soixante-seize livres : on m'a dit à Murat qu'il suffisait de trois livres pour une forme de cent vingt livres, et M. *Leterme* dit, dans sa *Notice statistique* (page 169), qu'il en entre six à sept kilogrammes dans un quintal de fromage. On a de la peine à se rendre compte d'une pareille différence; peut-être tient-elle à d'autres circonstances qu'à la routine du vacher. M. *de Brieude* avance, à ce sujet, des faits qui m'ont été certifiés par quelques vachers. « Il est, dit-on, fort » singulier qu'il faille employer plus de sel » pour les fromages des châlets couverts en ar- » doise que pour ceux des châlets couverts en » chaume : il en faut aussi une plus grande » quantité pour les fromages des montagnes » basses que pour ceux des montagnes hau- » tes, etc. (1). »

Quoi qu'il en soit, l'emploi du sel augmente de beaucoup les frais de la fabrication du fromage.

Nous passerons sous silence quelques autres

---

(1) *Annales statistiques de Ballois*, n°. VIII. Frimaire, an XI, page 366.

détails relatifs à l'entretien des vaches de montagnes, soit pendant l'estivage, soit pendant l'hivernage. Nous nous contenterons de dire que les étables, quoique laissant beaucoup à désirer sous le rapport de la salubrité, sont, dans le canton de Salers au moins, mieux tenues qu'elles ne l'étaient autrefois. Les ouvertures y sont moins étroites et plus multipliées, les auges y sont moins basses et nettoyées moins rarement. On commence à sentir la nécessité de curer les vaches, c'est à dire d'enlever de temps en temps le fumier dans lequel elles croupissaient autrefois ; mais on ne sent pas encore assez partout la nécessité de leur fournir de la litière.

Éducation des veaux propres à devenir des bœufs de labour.

Après avoir parlé des vacheries et de leur régime, je dois présenter quelques détails sur l'éducation des veaux en Auvergne, principalement dans le canton de Salers, sur le service des taureaux et le gouvernement des bœufs de travail.

On est convaincu, dans ce pays, que le veau d'élève le plus beau est destiné à être successivement le taureau le plus vigoureux, le meilleur bœuf de travail et la meilleure bête d'engrais; les signes d'après lesquels on juge qu'un veau d'environ deux mois sera élevé avec succès sont, indépendamment des caractères de race et d'un poil rouge sans la moindre tache, un corsage allongé, la côte ronde, les jambes droites et fortes, les jarrets larges, les onglons gros, la tête courte et les oreilles longues, le dos horizontal, l'origine de la queue élevée, les hanches écartées. On regarde comme un signe trompeur la précocité sexuelle; elle ne prouve souvent qu'une surabondance de nourriture, et détermine quelquefois de bonne heure l'innervation. Le mâle qu'on veut élever est toujours mieux traité que la femelle qui a reçu la même destination. Tant qu'il est à la mamelle, c'est à dire pendant six mois, on lui abandonne plus de lait; on le place, quand il descend de la montagne, dans les meilleurs prés; on le nourrit plus abondamment à l'étable. On croit qu'un régime parcimonieux serait plus nuisible au veau qu'à la vêle; surtout, on pense qu'elle sera toujours assez bonne pour recruter la vacherie, tandis que le bourret, le doublon, le terçon ne pourront être vendus avantageusement qu'autant qu'ils seront bien conformés et pleins de vigueur.

Pour les uns comme pour les autres, l'allaitement est toujours naturel. Les Auvergnats ne pratiquent pas l'allaitement artificiel, étant bien convaincus que cette méthode ne peut convenir que pour des veaux de boucherie.

C'est au retour de l'estivage que les veaux d'élève tendrons sont séparés de leurs nourrices. Ils ne les reverront plus, à moins de rentrer dans la vacherie en qualité de taureaux-étalons; ils vont pâturer dans des prés réservés pour la vassive, et on les ramenera à l'étable tous les soirs; ils y trouveront du regain. Si, l'hiver étant prématuré, l'herbe verte qu'ils doivent pâturer pendant environ neuf mois venait à leur manquer, on leur donnerait à l'étable, avec du fourrage sec, des boissons abondantes; car les tendrons nouvellement sevrés éprouvent fréquemment le besoin de se désaltérer. Des soupes légères leur conviendraient fort bien; c'est une amélioration à introduire en Auvergne dans l'éducation des veaux. Ils trouvent du moins dans leurs étables (*védélat*), où ils ne sont jamais attachés, une grande auge en bois, soutenue sur quatre pieds, dans laquelle est toujours de l'eau pure, souvent renouvelée ou blanchie avec du son. Non content de tenir aux tendrons dans le *védélat*, des boissons abondantes, le vacher les mène encore plusieurs fois par jour à des abreuvoirs souvent assez éloignés, tant pour les promener que pour les engager à boire, à la suite d'un exercice salutaire.

Les veaux et les vêles sont, pendant l'hivernage, dans des *védélats* particuliers. Le matin, à sept heures, on garnit leur râtelier; à neuf heures, on les conduit à l'abreuvoir ou plutôt à la promenade; à deux heures après midi, second repas; à quatre heures, nouvelle promenade à l'abreuvoir; le soir, troisième repas, et dans le râtelier plus de foin que les tendrons ne pourront en manger pendant la nuit. Leur litière est renouvelée tous les deux ou trois jours.

Au commencement du printemps suivant, c'est à dire sous le ciel de l'Auvergne, à la fin d'avril ou au commencement de mai, les tendrons sortent le matin après avoir pris leur premier repas, pour aller dans des prairies précoces, où ils restent jusqu'à trois ou quatre heures du soir, et ils retrouvent toujours du foin à l'étable.

Lorsque l'herbe est devenue plus abondante et la saison plus favorable, ils sortent de l'étable pour n'y rentrer qu'à la fin de l'été. Après avoir déprimé des prairies précoces, ils sont conduits dans des pacages de montagnes, où ils sont parqués, et d'où ils descendront avec le nom de bourrets. On choisit parmi eux ceux qui devront servir sur les lieux à la reproduction et au labourage, les autres seront vendus et exportés ; quelques uns d'entr'eux, en très petit nombre, rentreront dans le pays où ils sont nés, pour y être engraissés et livrés à la consommation (1).

Choix de bourrets qui doivent servir d'étalons; âge où ils entrent en fonctions.

On choisit avec soin, à Salers, le bourret qui doit succéder au taureau qu'on vient de réformer. On le juge propre à cette destination lorsque dans lui la révolution de la puberté s'est annoncée par une nuance plus foncée de la robe, la longueur et l'entortillement des poils du front, un œil plus vif, plus fier, une attitude plus ferme, une démarche plus assurée, une physionomie plus expressive, un beuglement plus sonore et plus prolongé, l'accroissement subit du volume du corps et des forces musculaires : c'est pour l'ordinaire à l'âge d'un an que commence en Auvergne une révolution

(1) Jamais ceux de Salers.

physiologique très sensible chez les beaux taurillons, et à peine apercevable dans les belles génisses. Il est des contrées, même en Auvergne, où l'on attend à peine l'apparition des premiers signes de la puberté pour faire servir à la reproduction les taureaux comme les génisses. Cette impatience peut s'excuser dans les pays où presque tout le lait des vaches est consommé en nature et où presque tous les veaux sont envoyés à la boucherie. Elle est absurde dans les pays d'élève ; on se garde bien de la suivre à Salers.

C'est après deux ans révolus qu'on y met les taureaux et les génisses en fonction (1), et peut-être, sous le rapport physiologique, devrait-on attendre quelques mois de plus ; mais, d'après la manière dont sont conduites les vacheries, la monte n'ayant pas lieu à diverses époques de l'année, ce ne serait pas avant leur quatrième estivage que les génisses et les taureaux pour-

(1) Virgile était bien plus exigeant en parlant des taureaux :

Ætas Lucinam justosque pati Hymenæos
Desinit ante decem, post quatuor incipit annos.

VIRG., *Georg.* III, v. 60.

L'âge, soit de l'hymen, soit du travail des champs,
Après quatre ans commence et cesse avant dix ans. DELILLE.

raient être employés à la reproduction, il faudrait attendre trois ans révolus; ce qui, au reste, serait un bien.

La monte est toujours au pacage dans les vacheries.

C'est toujours à la montagne qu'a lieu la monte dans les vacheries de l'Auvergne ; elle se fait librement : vaches et taureaux pâturent pêle-mêle, tandis que la vassive est conduite dans des pacages particuliers ou renfermée dans des parcs. Si la troupe des vaches se compose de vingt bêtes, elle a un taureau ; si elle est forte de cent, elle n'en a que deux. Les mâles, dans ce dernier cas, sont trop occupés ; ils ne le sont pas assez dans l'autre. Ils s'attachent aux vaches en chaleur, se contentant de lécher les autres sans les tourmenter, quoi qu'en dise M. *de Brieude*, qui voudrait qu'on fît paître séparément les taureaux et les vaches.

Ce qu'il y a de singulier, c'est que, dans une grande vacherie, les deux rivaux vivent en paix ; mais s'il se présentait un taureau d'une troupe étrangère, ils se rueraient ensemble contre cet intrus, et lui feraient peut-être payer de sa vie sa témérité.

Les taureaux auvergnats qui paissent en toute liberté plusieurs mois de l'année sur des montagnes inhabitées sont extrêmement doux. Les vachers vivent familièrement avec eux; ils les traitent de même pendant l'hiver quand les vacheries sont dans les étables. On place alors les taureaux près de la porte, afin de les voir et d'en être vu le plus souvent possible; on n'a point observé en Auvergne, dans les taureaux du moins, ces inconvéniens que les maîtres de haras ont signalés comme étant à redouter lorsque la monte est en liberté. Les taureaux-étalons, nourris au vert, sont aussi vigoureux que ceux qui vivent de fourrage sec; ils ne s'abandonnent pas à leurs désirs au point de s'énerver; ils ne s'attachent pas à une seule femelle, négligeant les autres.

Dans les domaines de l'Auvergne dépourvus de vacheries, les taureaux ne sont pas en général mieux gouvernés que dans une grande partie de la France. On ne se contente pas d'exiger leurs services dès qu'ils ont atteint une année; on les prête encore et on les loue pour la plus modique rétribution. Quels produits peut-on attendre de ces étalons banaux?

Castration par bistournage.

Les taureaux de vacheries ne sont générale-ment employés comme étalons qu'une seule saison ; ce n'est cependant pas au retour de l'estivage que, pour l'ordinaire, on leur fait subir l'opération qui doit les priver des attri-buts de leur sexe ; car ce n'est guère qu'en mai et juin qu'on voit arriver en Auvergne des opé-rateurs béarnais, qui, pour un salaire très mo-dique, *sanent* les taureaux : les vétérinaires ne se mêlent nullement de cette pratique. Le pro-cédé usité est le bistournage, ainsi nommé parce qu'il consiste à tordre au moins deux fois le cordon spermatique, afin de le désorganiser et ôter ainsi à l'animal la faculté de se reproduire. Ce procédé, qu'on emploie rarement sur les béliers et presque jamais sur les chevaux, est appliqué généralement aux taureaux, dans les pays où l'on fait des bœufs pour le labourage, tandis que dans ceux où on les nourrit princi-palement pour la boucherie, on préfère ou l'on devrait préférer la castration par ablation, comme elle se pratique sur les chevaux. Le choix entre ces deux modes opératoires paraît déterminé par le genre de destination des ani-maux que l'on mutile. Quand on se contente de les bistourner, c'est afin de ne pas les priver entièrement des attributs de leur sexe et de leur laisser plus d'aptitude au travail, plus de force, plus de vigueur; mais aussi on les rend moins propres à l'engraissement, et à quelqu'âge qu'ils soient ensuite menés à la boucherie, leur chair sera moins savoureuse (1).

Travaux des taureaux et des vaches pour le labourage.

On n'attend pas toujours que les doublons et les terçons soient bistournés pour les employer au labour, car les taureaux labourent en Auvergne. Il est à Salers tels domaines à vacheries où huit taurillons sont attelés dans la plaine, tandis que deux autres, de même âge et plus distingués, font le service de la montagne : ces derniers descendent avant les vaches pour renforcer les travailleurs, et peut-être seront-ils les uns et les autres vendus et exportés comme

---

(1) Il arrive quelquefois que le bistournage est très incomplet, et l'animal qui l'a subi reste toute sa vie une espèce de bœuf-taureau, qui s'engraisse mal et fournit une viande inférieure : c'est à cette cause qu'on doit attribuer la mauvaise réputation que les bœufs auvergnats ont eue dans quelques boucheries.

taurillons, vers le commencement d'octobre; si on les hiverne, on les vendra l'année suivante comme bouvillons.

Les vaches sont fort peu employées aux labours et aux charrois dans le canton de Salers : il n'en est pas de même dans le reste de l'Auvergne; presque partout, dans cette province, où le sol est léger, et il l'est pour l'ordinaire sur des terrains volcaniques, on cultive principalement avec des vaches, quelquefois même dans les domaines garnis de bœufs de travail. On y réserve ces derniers animaux pour rompre des jachères de quatre ou cinq ans, disposer des bruyères à recevoir du seigle, charrier le fumier ou les récoltes sur des pentes abruptes, voiturer des grains, du bois, du vin ou du fer. Le morcellement des propriétés a dû multiplier les vaches de labour : ce n'est pas là un malheur aux yeux de tous les agronomes auvergnats ; beaucoup d'entr'eux pensent qu'il y a bénéfice à faire travailler les vaches, attendu que le produit de leur labour fait plus que compenser le déficit de leur lait, qui n'est que d'environ un quart sur celui qu'elles donneraient si elles ne travaillaient pas. On sait fort bien qu'en les laissant en repos dans le mois qui précède le vêlage, on peut attendre d'elles des veaux robustes. On a reconnu que non seulement elles consommaient moins que les bœufs, mais encore qu'elles étaient moins difficiles sur la qualité des alimens. On s'est aperçu que si elles ne travaillaient pas si long-temps elles allaient plus vite; ce qui, dans les terrains qui n'exigent pas beaucoup de force, établit une espèce de compensation. Il est en Auvergne des attelages de deux vaches, qui, en huit heures de travail, sillonnent en un jour vingt ares carrés, et on n'exige pas de deux bœufs une tâche beaucoup plus forte. L'usage de faire travailler les vaches se répand en Suisse avec une rapidité incroyable; on l'a adopté dans des exploitations considérables.

Mesure du travail des taureaux et des bœufs en Auvergne.

On ménage bien plus en Auvergne que dans les environs de Lyon les bœufs de travail; il est vrai qu'ils sont plus jeunes dans nos montagnes. Ceux de la race de Salers ont tous moins de quatre ans, étant exportés avant cet âge, et ce n'est pas seulement dans cette localité, mais dans toute l'Auvergne, qu'ils ne travaillent que huit à neuf heures par jour, quatre à cinq le matin, quatre le soir, chaque attelée étant séparée par trois ou quatre heures de repos. Les bœufs, dans ce pays, traînent douze à quatorze cents livres, et font ainsi dans un jour six lieues de montagne. Dans les environs de Lyon, les bœufs travaillent généralement, en été, dix heures par jour et douze heures dans les grands travaux de l'automne. J'ai vu en Beaujolais, dans le courant de l'automne dernière (1828), des bœufs bien portans de race charolaise, qui travaillaient depuis quatre heures du matin jusqu'à dix et depuis midi jusqu'à six. On les avait fait travailler dans le milieu de l'été depuis trois heures du matin jusqu'à onze heures, et après trois heures de repos, jusqu'à huit et demie. On se proposait de les engraisser en octobre.

Douceur de ces animaux ; leur instinct.

En Auvergne comme dans le Lyonnais, on dompte tout aussi facilement les taureaux que les bœufs, et une fois attelés, les uns et les autres travaillent avec la même docilité. Comment se fait-il que l'attelage des taureaux ne soit pas général en France ? Quelle est cette timidité qui fait craindre ce qu'un agronome d'ailleurs très savant appelle les effets de leur fureur (1)?

Les animaux domestiques ne sont en général méchans que lorsqu'on les traite avec brutalité, et, j'aime à le répéter, les pasteurs auvergnats sont fort doux envers les animaux; ils les conduisent avec des pique-bœufs sans aiguillons; ils leur donnent des noms, et s'en font obéir en leur parlant; ils chantent pour les exciter au travail (2). Lorsque les bouviers entrent à l'étable pour garnir les râteliers, les bœufs tournent vers eux des regards où se peint la reconnaissance; ils les suivent sans difficulté quand ceux-ci vont les chercher au pâturage, soit pour les ramener à l'étable, soit pour les fixer

---

(1) M. *Tessier* s'exprime ainsi à l'article *taureau* du *Nouveau cours d'agriculture* : « On emploie quelquefois » les taureaux au labour, ou seuls, ou concurremment » avec des bœufs; mais ce n'est pas toujours sans inconvé» niens. Si on pouvait les adoucir au point de ne jamais » craindre les *effets de leur fureur*, ils le seraient plus gé» néralement, puisqu'ils ont plus de force et de vivacité » que les bœufs. »

(2) Les Poitevins, qui achètent nos bœufs, ont parmi leurs bouviers des chanteurs ou *noteurs*, et les engraisseurs du Limousin invitent, en chantant, leurs bœufs à manger. Si le noteur se tait, le bœuf ne mange pas.

à la charrue. S'il y a plusieurs paires de bœufs, chacune d'elles reconnaît son conducteur et obéirait avec répugnance, du moins pendant quelques jours, à un autre bouvier, et si celui-ci manquait de douceur, ils deviendraient indociles et méchans. Les bœufs camarades se prennent d'amitié; chacun d'eux connaît la place qu'il doit occuper à la charrue; celui qui doit être fixé au joug le dernier attend paisiblement que son camarade soit attaché, avant de se présenter pour l'être à son tour.

Une chose remarquable, c'est que les bœufs savent que ce n'est pas pour labourer, mais pour pâturer qu'on les fait sortir le dimanche : aussi bondissent-ils de joie ces jours-là en franchissant la porte de l'étable. Je ne dirai rien de l'intelligence des vaches de montagnes, qui connaissent la voix de leurs pasteurs, qui distinguent dans les pacages les limites qu'elles ne doivent pas franchir, qui savent obéir à celle d'entr'elles qui s'est constituée le chef du troupeau. Nous avons, en effet, dans notre Auvergne, des vaches *helruckes* tout comme il en est en Suisse, c'est à dire des vaches plus fortes, plus hardies, plus intelligentes que leurs compagnes, qui s'établissent les reines du troupeau, et dont l'empire est consacré par une sonnette bruyante que le pasteur leur attache au cou. Comme en Suisse, nos vaches connaissent l'époque fixe où elles doivent se diriger sur les montagnes, et si les intempéries retardent ce départ, elles témoignent la plus vive impatience; elles n'ignorent pas non plus le moment où elles doivent descendre, et ce n'est pas avec moins d'empressement qu'elles se réunissent pour regagner les étables. Je reviens au bœuf et au taureau.

Facilité avec laquelle on les dompte.

Des animaux naturellement si doux ne doivent pas être bien difficiles à dompter. On se contente, pour cela, de joindre à un bœuf dressé un taureau ou un bouvillon novice; on ne le pique point, on ne le maltraite pas, même de la voix; le char est vide ou peu chargé. Le jeune animal fait peu de difficulté, et pour l'ordinaire l'éducation est finie au bout de cinq à six leçons : celui qui doit être son camarade est attaché à son tour avec un autre bœuf dressé, qui est souvent lui-même le camarade de l'autre instructeur : c'est ainsi que les jeunes comme les vieux animaux de travail occupent toujours à la charrue la même place, l'un à droite, l'autre à gauche.

C'est aux charrois plutôt qu'au labourage que sont employés les taureaux et les bœufs nouvellement dressés. Il est plus facile en effet de ménager le premier que le second de ces labeurs.

J'avais pensé, d'après les auteurs qui, depuis *Varron* jusqu'à *Thaër,* ont écrit sur l'économie du bétail, qu'il était nécessaire de beaucoup d'adresse et de patience pour dompter les taureaux et les bœufs, je suis bien convaincu, d'après mes propres observations, qu'il suffit, pour y parvenir avec facilité de s'abstenir de violence et de mauvais traitemens. J'ai vu plusieurs éducations de bœufs et de taureaux dans les campagnes voisines de Lyon : ici, on attèle l'animal indompté avec un autre déjà dressé, et pour que ce couple marche droit il est précédé par un attelage de vieux bœufs. Ailleurs, l'animal novice marche entre deux autres animaux bien dressés, et il ne faut souvent que deux ou trois jours pour terminer l'éducation. Dans la commune de Dracé, près de Belle-Ville, on attache ensemble deux novices au joug, et on les unit encore au moyen d'une plate-longe qui passe par dessous le ventre de l'un et de l'autre. Un homme tire l'attelage en avant par une corde, ayant soin de ne pas se retourner pour regarder le couple. Un homme est derrière, qui le conduit; il fait tirer le premier jour un peu de bois; le deuxième, la charrue; et le troisième l'éducation est finie. Ailleurs, toujours dans le Lyonnais, on attache au joug deux novices et on les abandonne à eux-mêmes dans un clos ou dans une cour; ils tirent à droite, ils tirent à gauche, ils tombent et ils se relèvent. Quand ils sont accablés de fatigue, on leur ôte le joug pour le leur rendre le lendemain; après un petit nombre de leçons, ils prennent leur parti et ils marchent paisiblement; on les attèle alors, et ils ne tardent pas à tracer leur sillon.

L'aptitude et la facilité au travail sont, dans l'espèce du bœuf, un caractère de race : c'est une modification morale qui se transmet par génération comme se transmettent les modifications physiques. Les bœufs labourent, en quelque sorte, naturellement quand ils sont descendus de bœufs laboureurs, comme les chiens chassent lorsque leurs ascendans étaient bons chasseurs.

Tirage par les cornes et tirage par le poitrail.

On ne conçoit pas en Auvergne qu'un bœuf puisse tirer par le poitrail. Le tirage des chevaux par la tête y paraîtrait tout aussi bien conçu ; cependant, de toute antiquité, on a attelé les bœufs soit au collier, soit au joug. Quelle est la meilleure méthode? C'est une question sur laquelle les agronomes ne sont pas d'accord. On croit généralement que le bœuf attelé par les cornes maîtrise mieux son fardeau dans les pays montueux; on convient en même temps que ce mode d'attelage rend sa marche pénible, son allure embarrassée et son pas tardif. D'après ces considérations, le joug est plus que le collier employé dans presque toutes les chaînes de montagnes de l'Europe, et le collier dans quelques plaines, soit de France, d'Allemagne, d'Angleterre et d'Italie. On voit sur les rives du Rhin comme sur celles du Pô les bœufs attelés de la même manière que les chevaux, traînant leur fardeau avec facilité et marchant beaucoup plus vite que nos bœufs attelés au joug. Tous les charrois sont faits à Berne par des bœufs attelés au collier, un seul à chaque charrue, et marchant aussi vite que des chevaux; c'est constamment au joug que les bœufs sont attelés à la charrue dans les plaines comme dans les montagnes du département du Rhône. Pour démontrer les avantages de l'autre méthode, une expérience vient d'être tentée dans le département de la Loire, tout annonce qu'elle sera suivie d'un succès complet, et je ne doute même pas que nos bouviers auvergnats ne finissent par adopter le collier, sinon pour leurs bœufs de labour, au moins pour leurs bœufs de charroi : en attendant, ils savent très bien adapter le joug au front de leurs bœufs. Le modèle d'un instrument de ce genre, que M. *Morin*, vétérinaire à Mauriac, a bien voulu m'adresser, m'a paru fort ingénieux. Un grand obstacle à l'adoption du collier en Auvergne comme en d'autres pays, c'est le prix des colliers. Les paysans n'aiment point à débourser de l'argent dans l'espoir d'un avantage éloigné, fût-il certain, et ils sont difficiles à convaincre.

Régime des bœufs de travail.

Le régime des bœufs de travail varie beaucoup dans les divers cantons de l'Auvergne. Il en est où, durant toute la belle saison, même pendant les plus grands travaux, les bœufs sont constamment nourris au vert; ils passent la nuit au pâturage, on va les y chercher pour les atteler, et on les y jette de nouveau en les dételant ; seulement pendant le repos au milieu du jour, on leur donne à l'étable un peu de foin.

6

Cette méthode est bonne; il n'en est pas, en effet, du bœuf comme du cheval, qui, étant au vert, est incapable d'un travail soutenu. On donne, dans le canton de Salers, pendant l'hiver, c'est à dire depuis les premiers jours de novembre jusqu'à la mi-mai, une ration journalière de vingt livres de foin avec dix livres de paille, et c'est assez, car ces animaux sont fort jeunes; seulement il est fâcheux qu'on les prive de sel. On leur accorde quelquefois pendant les travaux des semailles, entre les deux attelées, un mélange d'avoine et d'orge. Il est des cultivateurs qui leur donnent du foin le matin, au milieu du jour et le soir, les laissant paître pendant la nuit; ils cessent de les faire travailler deux mois avant de les exposer en vente. On leur fait alors une bonne litière, et en cela comme en autre chose ils sont mieux traités que les vaches, qui, même dans le canton de Salers, couchent sur le fumier. On les étrille exactement avec une espèce de carde; la meilleure nourriture leur est accordée à peu près à discrétion. On n'épargne rien pour donner bonne apparence à des bœufs dont la vente produit le principal bénéfice de l'exploitation, sans en excepter le fromage. Ces bœufs n'ont travaillé qu'une saison dans le pays où ils sont nés; ils iront tracer des sillons en d'autres contrées, seront ensuite en grand nombre engraissés dans les riches herbages de la Normandie, et sous le nom de bœufs normands ils approvisionneront les boucheries de la capitale. Nous suivrons tout à l'heure l'émigration de nos bœufs sur la surface de la France.

Leur ferrure.

Le plus grand nombre de ces bœufs travaillent en Auvergne sans être ferrés. On sait très bien, dans ce pays, que les animaux de labour qui marchent sur un terrain mou n'ont pas besoin de fers cloués sous les onglons; mais on les regarde comme nécessaires aux bœufs qui sillonnent des sols pierreux, surtout à ceux qui sont employés aux charrois. On les ferre, pour l'ordinaire, d'un seul onglon aux quatre pieds et toujours du côté externe. Dans quelques lieux, on garnit de fers les deux onglons des pieds de derrière et on laisse nus ceux des pieds de devant; il en est enfin où l'on voit les bœufs ferrés des huit onglons, et ce n'est pas sur les sols les plus pierreux. D'un autre côté, j'ai vu sur des sols de ce genre des bœufs travailler nu-pieds sans que leurs sabots en eussent souffert. Il y a quelques années que je vis passer à

Lyon une colonie de taureaux auvergnats, qui se rendait dans le département de l'Ain; quelques uns de ces animaux étaient nu-pieds, d'autres ferrés, et c'était parmi ces derniers qu'étaient des boiteux. Vers le même temps, M. *Trolliet de Fétan* reçut dans son domaine de Meximieux, près Lyon, un beau taureau et six vaches venant de la Suisse, tous nu-pieds et aucun d'eux ne boitant. Parmi les bœufs du Lyonnais et du Charolais employés aux charrois, il en est de ferrés de deux onglons, d'autres de quatre, d'autres d'aucun, et ce ne sont pas ces derniers qui sont le plus souvent affectés de maux de pieds, etc.

La ferrure des bœufs est moderne; elle s'est introduite par imitation de la ferrure des chevaux, qui elle-même n'est pas ancienne; et cependant il y a eu de tous les temps des chemins pierreux et même des pavés. Si la ferrure était, comme on le dit, un moyen conservateur des pieds dans nos deux principaux animaux domestiques, comment leurs espèces auraient-elles pu subsister plus belles et plus vigoureuses qu'elles ne le sont aujourd'hui et pendant tant de siècles, avant qu'on se fût avisé d'employer ce moyen? Et comment se fait-il que, depuis son usage, tant de bœufs et un plus grand nombre de chevaux soient mis hors de service par l'altération et l'usure des pieds?

Au reste, la ferrure des bœufs n'a pas, à beaucoup près, autant d'inconvéniens que celle des chevaux. On ne mutile pas avec un boutoir les onglons du bœuf comme on mutile le sabot du cheval; on ne brûle pas les premiers comme on brûle le second par l'application de fers incandescens; surtout on ne s'est pas avisé d'unir et de tenir rapprochés les deux onglons par un fer, du moins hors les cas de quelques maladies, et dès lors les deux onglons peuvent s'écarter pendant la marche, selon le vœu de la nature, tandis que le sabot du cheval, étant comprimé par un croissant inflexible, ne peut pas se dilater à chaque percussion, pour revenir ensuite sur lui-même, comme il le ferait naturellement. De là une douleur sourde, permanente, l'affaiblissement, la déformation de l'organe et une foule d'accidens.

«La ferrure, a dit M. *Huzard* père (et on est » heureux quand on a un pareil nom à citer), » n'est pas si généralement nécessaire qu'on le » croit, et les chevaux qui ne travaillent pas » habituellement sur des terrains pierreux, » caillouteux ou sur le pavé peuvent facilement » s'en passer. Nous voyons des chevaux, dans

» les campagnes, garder leur ferrure six mois, qui » pourraient aisément, et sans inconvénient, aller » nu-pieds (1). » A plus forte raison, des bœufs se passeraient de ferrure, et on ne conçoit pas comment il se trouve des laboureurs, même en Auvergne, qui se croient obligés de faire ferrer leurs bœufs pour travailler sur des sols meubles et argileux.

Mais du moment qu'on s'imagine que la nature n'a pas donné assez de consistance, assez de solidité aux pieds de nos animaux travailleurs, qu'on revienne à l'usage des anciens. Ils chaussaient quelquefois avec des souliers, des bottines (*soleæ spartæ carbatinæ, ferrea solea*) les pieds de leurs chevaux; ils ne leur enfonçaient pas des clous dans la corne. Cet usage, inventé par les Huns ou les Vandales, est très digne de son origine.

Sans pousser plus loin ces considérations, signalons quelques unes des maladies les plus communes parmi le bétail de la haute Auvergne.

---

(1) *Théâtre d'agriculture et Mesnage des champs, d'Olivier de Serres. Paris,* 1804, *in*-4°., tome I, page 631, note 121.

Maladies les plus communes parmi le bétail de la haute Auvergne ; variétés du charbon.

Dans le langage de nos montagnards, les maladies les plus communes parmi leur bétail sont :

1°. Le *mal levat* : c'est une tumeur gangreneuse qui survient au poitrail, au fanon, sous le ventre, se développant avec une rapidité foudroyante, souvent suivie de la mort dans les vingt-quatre heures; c'est le charbon ou anthrax. On doit, sans perdre un instant, extirper la tumeur : opération qui exige la main d'un anatomiste, et qui n'est pas sans danger pour celui qui la pratique, l'inoculation de l'ichor gangreneux pouvant causer la mort. Tel a été le sort funeste de plusieurs vétérinaires, dont l'un, M. *Bureaux*, résidait dans le département du Puy-de-Dôme. Un autre vétérinaire, M. *Berard*, fixé à Marcigny, département de Saône-et-Loire, fut attaqué du charbon à la suite de la piqûre d'une mouche qui avait pompé l'ichor sur un bœuf dont il extirpait l'anthrax. Sans perdre un instant, il fit rougir un cautère, et ce fut sa femme elle-même qui lui appliqua le feu sur la piqûre, il fut sauvé.

2°. L'*espilou*, autre tumeur charbonneuse qui se développe entre les onglons, autour ou au dessus de ces organes, le plus souvent aux pieds de derrière, dont l'extirpation serait le remède le plus sûr, mais qui est moins facile que dans le cas précédent.

3°. Le *sous-langue* : ce n'est pas la moins commune des tumeurs charbonneuses sur notre bétail ; on l'appelle ainsi à cause de son siége : c'est le glossanthrax de *Sauvages* (1). Cette tumeur s'ulcère rapidement ; il se forme non du pus, mais une sanie âcre et dévorante. Si l'animal en avale, il se météorise et meurt. La maladie, qui est très contagieuse, a souvent donné lieu à de vastes épizooties. Le traitement local consiste dans l'ablation des parties frappées de charbon, et la cautérisation avec un acide concentré ; le traitement général est celui de la fièvre charbonneuse dont nous parlerons tout à l'heure. Le *sous-langue* est quelquefois fort bénin ; c'est quand il n'est pas charbonneux, qu'il consiste dans des aphthes légères. Les circonstances de ce genre, qui ne sont pas rares, expliquent des succès faciles qu'on fait sonner très haut. Que de gens dans les deux médecines se sont fait un

(1) *Nosologie méthodique*, Classe III, 6.

SIGNALEMENT DES BOEUFS.

INDICATION DES PARTIES.	DE SALERS.									DU PUY-DE-DOME.									OBSERVATIONS.
	GRANDS.			MOYENS.			PETITS.			GRANDS.			MOYENS.			PETITS.			
	Pieds.	Pouces.	Lignes.	Pieds.	Pouces.	Lignes.	Pieds.	Pouces.	Lignes.	Pieds.	Pouces.	Lignes.	Pieds.	Pouces.	Lignes.	Pieds.	Pouces.	Lignes.	
e la nuque à l'origine de la queue.	6	6	3	6	2	6	5	2	»	8	»	3	7	4	2	6	3	1	En jetant un coup-d'œil sur ce Tableau comparatif, on voit combien la race du Puy-de-Dôme est plus massive que celle de Salers. On remarque que la circonférence du corps est, respectivement à sa longueur, plus grande dans la première de ces races, et que c'est dans la moyenne de Salers que cette disproportion est la moindre. On peut voir encore que, toujours, en comparaison de la masse totale du corps, le bœuf de Salers a la tête plus courte, l'encolure plus longue, la corne plus grosse et plus courte, le grasset plus gros, les sabots plus évasés, le fanon plus grand, le jarret beaucoup plus large, les fesses également plus larges, etc., toutes qualités qu'on recherche dans les bœufs de travail.
u garrot à terre.	4	9	4	3	10	2	3	4	1	4	8	10	4	5	»	4	1	»	
irconférence du corps.	7	5	2	6	8	1	5	10	4	8	9	5	8	2	2	7	1	2	
ongueur de la tête.	1	6	»	1	4	2	1	3	1	2	2	1	1	10	5	1	6	3	
ongueur de l'encolure de la nuque au garrot.	2	1	6	2	»	3	1	9	2	2	4	»	2	2	1	1	11	»	
—— de l'oreille à l'épaule.	1	8	1	1	4	2	1	2	5	1	11	8	1	9	4	1	7	»	
rosseur de l'encolure.	4	7	1	4	2	6	3	6	2	5	8	2	5	1	3	4	7	5	
—— de la corne.	»	10	»	»	8	7	»	6	5	»	8	5	»	6	3	»	4	1	
ongueur.	1	1	1	»	11	2	»	9	6	2	4	9	2	1	7	1	8	11	
nvergure des cornes.	2	6	»	2	»	1	1	9	»	3	1	2	2	9	»	2	5	4	
argeur du front.	»	9	3	»	7	1	»	6	8	»	11	»	»	10	2	»	8	4	
xtrémités antérieures du coude à terre.	2	5	2	2	1	3	2	»	4	2	7	1	2	5	5	2	1	3	
rosseur du genou.	1	3	»	1	»	6	»	11	8	1	3	1	1	1	4	»	10	11	
irconférence du sabot antérieur (les deux onglons)	1	6	»	1	3	8	1	2	6	1	6	5	1	2	3	»	10	7	
argeur du poitrail.	1	10	1	1	6	»	1	2	3	2	3	1	1	10	8	1	7	3	
—— du fanon (partie la plus flottante).	»	9	6	»	6	2	»	5	»	»	8	2	»	6	4	»	5	6	
xtrémités postérieures du grasset à terre.	2	9	3	2	5	9	2	2	1	3	»	4	2	9	5	2	4	3	
irconférence du jarret.	1	7	6	1	2	3	1	1	11	1	5	1	1	4	»	1	1	4	
Distance entre les deux hanches.	1	8	1	1	4	8	1	1	7	2	6	2	2	2	3	1	2	»	
argeur des fesses.	1	2	5	1	1	6	1	»	8	1	6	4	1	3	1	1	1	»	
Longueur de la queue (depuis l'origine au dernier coccygien).	3	4	1	3	1	2	3	»	1	4	2	1	3	10	3	3	5	6	
irconférence du sabot postérieur.	1	3	6	1	1	9	1	1	»	1	4	1	1	1	5	»	10	11	

nom pour avoir guéri des maladies qui n'avaient jamais existé !

4°. Le *charbon noir :* c'est la tumeur gangreneuse, symptôme du charbon, qui se présente ailleurs qu'au poitrail ou aux parties voisines, aux extrémités ou sur la langue, tumeur qu'en quelques pays on nomme *araignée.*

5°. Le *charbon blanc :* c'est la même tumeur compliquée d'œdème, avec moins de tendance à la gangrène. La proéminence est souvent peu sensible; le siége le plus ordinaire est l'épine et le dos; la partie est froide et pâteuse au tact. Ce charbon est tout aussi sinistre que le précédent, quand il est, comme lui, symptôme de la fièvre pernicieuse, qui est le fond de la maladie; mais comme il est plus difficile à reconnaître, on ne manque pas d'appeler *charbon blanc* une foule de maladies, la plupart fort légères, même nulles, qu'on n'a pas beaucoup de peine à guérir.

6°. Le *venin froid.* Ainsi nommé, parce que l'un de ses symptômes les plus remarquables est un froid glacial aux extrémités; il y a horripilation générale, surtout aux flancs et aux fesses; le cuir, collé sur les os, craque, en quelque sorte, comme du parchemin; l'animal meurt quelquefois en vingt-quatre ou quarante huit heures : c'est la fièvre charbonneuse de *Chabert* (1). Elle est tellement commune dans nos montagnes, qu'on pourrait presque l'y considérer comme enzootique. Elle a pour causes les pacages marécageux, les vicissitudes atmosphériques, surtout d'épais brouillards qui surviennent trop souvent vers la fin de l'estivage, le méphitisme des étables, un déprimage trop substantiel à la suite d'un étroit hivernage, la contagion (2). Il faudrait, pour prévenir une maladie si grave, assainir les montagnes marécageuses ou les abandonner, faire descendre le bétail lorsque les brouillards froids de l'automne commencent à s'établir, purifier les étables, mieux nourrir pendant l'hiver, isoler les malades. Le traitement n'est pas facile, étant subordonné à l'état du sujet, au degré de la maladie, à ses causes ; tantôt il est indispensable de saigner, tantôt il faut s'en abstenir rigoureusement. Les breuvages tempérans conviennent

---

(1) *Du charbon ou anthrax dans les animaux*. XXIII.

(2) Il est encore des paysans assez crédules, même sur les montagnes d'Auvergne, pour attribuer le charbon et ses variétés à des serpens ou à des belettes qui ont tété les vaches, à des crapauds qui ont uriné sur les plantes, à des sorts, etc., etc.

quelquefois et les toniques en d'autres temps. Les sétons sont utiles, mais seulement quand on les pose en temps opportun.

D'après le système broussaisien, le charbon, sous quelque forme qu'il se présente, n'est autre chose qu'une gastro-entérite tout aussi bien que le typhus contagieux des bœufs, la pourriture des moutons, la ladrerie des porcs. Le charbon est, à mon avis, une fièvre putride essentielle due à une dépravation particulière des humeurs : voilà le fonds de la maladie.

Le charbon blanc, le charbon noir, le glossanthrax, les gastrites, entérites, dysenteries, péripneumonies, voilà les accidens, les épiphénomènes subordonnés à des causes générales ou individuelles.

Dysenterie et pissement de sang.

7°. La *marre* est caractérisée par des évacuations alvines, souvent répétées, séreuses ou muqueuses, ou bilieuses, ou puriformes, le plus souvent fétides, quelquefois sanguinolentes ; tantôt simple diarrhée, tantôt dysenterie grave, même contagieuse, capable de constituer des épizooties. Cette maladie n'est, d'après quelques médecins, qu'un symptôme de l'entérite ; elle a pour causes principales les alimens de mauvaise qualité, certains herbages où règnent des plantes âcres, les eaux impures, les boissons trop froides, l'impression sympathique de la peau sur les voies intestinales, une série de fausses digestions. Le traitement est subordonné au caractère et au degré de la maladie. Selon les cas, on pratique la saignée, on passe des sétons, on administre les adoucissans ou les toniques, et même les purgatifs; ces moyens peuvent se succéder. On donne avec raison des boissons abondantes, mais on est trop avare des lavemens.

8°. Le *mascaron*. Atteint de cette maladie, l'animal rend avec effort des urines mêlées de sang et de mucus puriformes : c'est ce qu'on appelle vulgairement pissement de sang, et, dans le langage méthodique, hématurie. On a observé que, dans les mêmes herbages et sous la même influence atmosphérique, se déclarent la *marre* et le *mascaron*. La même cause irritante pouvant agir sur les organes urinaires ou sur les voies intestinales, les vaches de montagnes, dont les pâturages sont déboisés, sont moins exposées à cette maladie, ainsi qu'à la gastrite, nommée maladie des bois, que les vaches qui, n'estivant pas, broutent dans les vallées des pousses de chêne, de hètre ou de sapin. On oppose au *mascaron* des breuvages de petit-lait, de décoction de guimauve nitrée ; on n'emploie pas assez les lavemens et les applications émollientes sur la région lombaire. L'irritation ayant cessé, si l'hémorrhagie subsiste, on doit donner quelques légers astringens ; on fera dissoudre un peu d'alun dans la boisson ordinaire.

Affections de la poitrine.

9°. La *pousque.* Dans cette maladie, l'animal tousse sourdement; il rend un mucus puriforme par les naseaux ; il a une fièvre lente ; il maigrit, tous symptômes qui annoncent une affection pulmonaire chronique. La pommelière des vaches, si bien décrite par M. *Huzard* père, est une variété de cette maladie (1) : ce ne sont pas les vaches, mais les bœufs de charroi, qui sont les plus exposés en Auvergne à cette maladie ; on la regarde comme l'effet d'un excès de travail, et c'est dire que ce n'est pas dans le canton de Salers qu'on la rencontre fréquemment. On ne la traite point, et on n'attend pas que l'animal maigrisse pour l'envoyer à la boucherie.

(1) Avec cette grande différence, que l'écoulement nasal est ordinaire dans la *pousque* et fort rare dans la pommelière.

Des parotides.

10°. Le *tac* : c'est un engorgement inflammatoire des glandes parotides, auquel les bœufs de travail sont plus particulièrement exposés ; et dans la nomenclature méthodique présente, c'est une *parotidite* ou *parotite*, vulgairement oreillon dans l'espèce humaine. Cette affection est, pour l'ordinaire, légère ; on la traite en appliquant des émolliens sur la partie, la tenant chaude, et, au besoin, on pratique la saignée. Le *tac* est, en d'autres pays, l'une des innombrables dénominations du charbon. Il exprime ailleurs la gale des moutons. En Auvergne, on appelle *tacon* l'engorgement des parotides des porcs, dû au charbon ou à un vice scrophuleux.

Renversement de la matrice.

11°. Le *méreigéa* est la chute, le renversement de la matrice, accident qui, dans le Poitou, porte le nom bizarre de *hérisson*, les habitans de cette province, prenant les cotylédons pour des espèces de hérissons qui se sont formés, parce que la vache avait mangé dans un pré, avant l'évaporation de la rosée, une herbe sur laquelle un hérisson mâle avait passé. Nos montagnards ne sont pas tout à fait aussi crédules. Quoi qu'il en soit, la réduction de la matrice renversée, dont se mêlent quelquefois les vachers, exige la main d'un habile vétérinaire.

Maladies fréquentes parmi les veaux.

12°. Les *anders* ou *indères* sont des dartres qui surviennent à la tête et à l'encolure des veaux; on l'attribue à un allaitement insuffisant, et, après le sevrage, à une chétive alimentation. On la regarde comme contagieuse parmi les veaux, et M. *de Brieude* croit qu'elle peut se communiquer aux personnes qui soignent ces jeunes animaux (1). Quoi qu'il en soit, la maladie est peu grave et cède aux traitemens appropriés aux affections psoriques légères.

13°. Les *barbes* ou *barbillons :* c'est une inflammation qui survient sous la langue des jeunes veaux; elle les empêche de téter : c'est une *glossite,* qui quelquefois donne lieu à des excroissances sublinguales, qu'il importe d'enlever avec des ciseaux, opération très facile.

---

(1) *Topographie médicale de la haute Auvergne,* page 37.

Le plus souvent il suffit de lotionner avec des émolliens la partie douloureuse. Les poulains sont pareillement sujets à cette maladie, et c'est d'après les maréchaux que les vachers auvergnats l'ont nommée *barbe* ou *barbillon.*

14°. Le *muguet* est une autre maladie des veaux, dont le siége est encore à la langue ; elle consiste en des tumeurs miliaires, qui dégénèrent promptement en ulcères aphtheux, qui rendent la succion difficile et douloureuse. On prévient l'ulcération des petites tumeurs en les enlevant avec des ciseaux, et on déterge les ulcères avec du vinaigre ou des moyens analogues. Cette maladie attaque quelquefois simultanément la vache et son nourrisson. Est-elle, dans ce cas, contagieuse ou produite par une cause commune ?

15°. *Foire laiteuse des veaux :* c'est une maladie assez commune dans les gras pâturages des environs d'Aurillac. Elle est moins causée par la surabondance du lait que sucent les veaux que par la qualité trop substantielle de ce liquide, et, par suite, trop difficile à digérer. Elle se déclare, en effet, malgré la précaution de n'abandonner aux veaux qu'une petite quantité de lait. La diarrhée qui en résulte devient assez souvent putride, d'acide qu'elle était, et en cet état, elle est, dit-on, contagieuse. Le moyen le plus sûr de la prévenir serait de renoncer au déprimage, en ne faisant sortir les vaches des étables que pour les diriger sur les montagnes. Il arrive quelquefois que les veaux digèrent le lait trop substantiel : alors il n'y a point de diarrhée, mais une pléthore par surabondance de nutrition, qui est souvent mortelle.

16°. La *lunade des veaux :* c'est une ophthalmie qui se termine par l'albugo. Elle attaque les veaux qui sortent trop jeunes des étables, et qui, dans les premiers jours de l'estivage, sont exposés à des intempéries. Il se forme une tache blanche, opaque, recouvrant la vitre (cornée lucide). Une fois formé, l'albugo est incurable; mais on pourrait le prévenir en dirigeant sur l'ophthalmie qui le précède un traitement méthodique. Il faut, dès la première apparition des symptômes, faire descendre les malades de la montagne pour les traiter dans les étables. Le traitement est plus facile lorsque la maladie attaque des veaux qui, n'appartenant pas aux vacheries de montagnes, paissent pendant l'été dans des prés humides et marécageux, et il est telle de ces localités où elle est en quelque sorte *enzootique.*

Diverses espèces d'indigestion.

17°. La *coufle* ou *goufle* : c'est l'indigestion méphitique, ou tympanite. Elle se déclare assez souvent lorsque l'on jette le bétail trop matin dans des pâturages humectés par la rosée, sans avoir eu la précaution de lui donner un peu de foin à l'étable. Il n'y a pas long-temps que nos vachers regardaient comme perdues les vaches *coufles*, et quelques uns d'entr'eux lui opposent actuellement un remède efficace. Ils font une forte lessive de cendre, autant que possible de bois neuf, et ils la donnent à l'animal; ils le bouchonnent fortement, et si la maladie continue, ils ouvrent la panse avec un couteau. Les vétérinaires la ponctuent avec un trocart; ils administrent de l'éther sulfurique ou de l'ammoniaque (1), et ils ne réussissent guère mieux ; ils ont sur les vachers guérisseurs l'avantage de savoir réunir les bords de la plaie au moyen d'un emplâtre agglutinatif.

(1) L'ammoniaque est mise en usage depuis long-temps contre la tympanite par la plupart des vétérinaires sortis de nos Écoles; et ne voilà-t-il pas qu'on vient de donner cette pratique comme une découverte capitale, sur laquelle on a multiplié des prospectus, des notices, des articles de journaux, des rapports académiques !

18°. *L'empansement:* indigestion avec une surcharge récente d'alimens. Cette maladie survient au bétail qui, après avoir souffert de la faim pendant l'hivernage, se trouve, au printemps, dans des prairies trop substantielles, comme sont celles des vallons d'Aurillac. On administre des infusions aromatiques aiguisées d'éther sulfurique; on n'épargne pas les lavemens. On n'a pas encore adopté en Auvergne la méthode broussaisienne de traiter les indigestions par les émolliens et les mucilagineux. Lorsque les breuvages aromatiques sont sans effet, on ouvre la panse. On ne se contente pas d'un petit trou pratiqué avec le trocart pour faire sortir les alimens à l'aide du doigt ou d'une sonde à crochet, comme le conseille M. *de Gasparin* (1); mais on fait une ouverture de trois ou quatre pouces de long (et l'on pourrait sans danger la faire plus grande encore). On extrait par cette ouverture, soit avec la main, soit avec un instrument, les matières alimentaires, et l'on administre les breuvages par la bouche artificielle. Il est rare que l'indigestion résiste à ces moyens, qui étonnent beaucoup ceux qui les voient pra-

(1) *Manuel d'art vétérinaire,* page 267.

tiquer pour la première fois. On n'est pas moins étonné de voir avec quelle facilité se ferme la grande ouverture pratiquée à la panse.

19°. Une autre espèce d'empansement est l'indigestion ancienne, putride, qui survient au bœuf de travail, nourri beaucoup plus abondamment qu'il ne l'était avant d'être mis à la charrue, à ceux surtout qui se pressent de manger entre les deux attelées, parce qu'ils savent par expérience que le repas sera fort court, à ceux dont on exige du travail au dessus de leurs forces. Cette espèce d'indigestion est plus grave que les précédentes, parce que son siége est moins dans la panse que dans les autres estomacs et dans les intestins. Lorsqu'elle s'accompagne de météorisation, la ponction n'est qu'un palliatif, et c'est le plus souvent sans succès qu'on donne soit les toniques, soit les adoucissans, soit les purgatifs.

Quelques maladies des pieds.

20°. La *limace*, l'*engravé*, la *fourbure;* les autres maladies des pieds sont plus rares en Auvergne que dans la plupart des autres contrées, la cause en est peut-être dans des sabots plus solides et mieux conformés.

Malheureusement la charrue de ce pays est tellement imparfaite qu'elle expose les bœufs à cette piqûre aux talons qu'on nomme *enraiement*, et qui est produite par le soc; l'accident est quelquefois fort grave, surtout quand il est traité sans méthode.

Je n'ai pas ouï parler de l'existence en Auvergne de cette maladie, que, dans le département de l'Aveyron, on nomme *malcup :* c'est une hernie du cerveau (encéphaloïde) produite par des secousses que reçoit la tête des bœufs par suite d'un mauvais attelage. Il serait difficile d'atteler les bœufs avec plus de soin et d'intelligence qu'on ne le fait dans la haute Auvergne.

J'aurais beaucoup à ajouter à cette nomenclature; mais dès lors je signalerais des maladies qui n'appartiennent nullement à la localité de la haute Auvergne, et qui même sont, quelques unes du moins, plus rares dans ce pays que dans les autres contrées : tels sont l'apoplexie, la frénésie, la péripneumonie (1), les

---

(1) Les péripneumonies sont moins fréquentes en Auvergne au printemps que dans les autres pays de montagne. Serait-ce parce que le déprimage au fond des vallées ménage aux vaches une transition entre l'hivernage et l'estivage ?

rhumatismes, les paralysies, les hydropisies, le farcin, les maladies vermineuses, pédiculaires, etc. Nos vaches de montagne sont moins tourmentées que celles d'autres pays par les taons, les œstres, les asiles et autres insectes malfaisans.

Vétérinaires diplômés et empiriques.

Il existe au moment actuel (novembre 1829), dans le département du Cantal, huit vétérinaires :

MM. *Courbebaisse*, *Filias* et *Dandurand*, à Aurillac ;
M. *Picard*, à la Roquebrou ;
M. *Felgère*, à Saint-Flour ;
M. *Manhes*, à Allanches ;
M. *Maurin*, à Mauriac ;
M. *Joanny*, à Salers.

Le premier a adressé à la Société royale et centrale d'agriculture plusieurs mémoires qui lui ont mérité d'honorables récompenses. Dans l'un de ces ouvrages, il signale les abus du charlatanisme qui, dans notre Auvergne, ne sont pas moins fréquens qu'ailleurs, ni plus faciles à extirper. Nous avons, comme ailleurs, des sorciers, des *leveurs de sorts,* des guérisseurs du *charbon* au moyen d'amulettes de toutes formes et de toutes couleurs, et, ce qui est plus coupable, par une profanation bizarre, des prières et des pratiques religieuses. Je ne confondrai point ces êtres abjects avec des bouviers, des vachers, d'autres paysans, qui, sans avoir étudié l'art vétérinaire, s'immiscent néanmoins dans la médecine du bétail; ils ne sont pas plus ignorans que les maréchaux, qui, dans une grande partie de la France, sont en possession de traiter les chevaux. J'ai connu plusieurs de ces *meiges,* qui, grace à une certaine rectitude d'esprit, à une vieille habitude, je ne dis pas expérience, peut-être aussi aux occasions qu'ils ont eues d'entrevoir les méthodes employées par les vétérinaires, étaient, en général, plus utiles que nuisibles, ne fût-ce qu'en dérobant aux *sorciers* le traitement des bêtes à cornes. Il serait sans doute à désirer que les *meiges* disparussent pour faire place à des vétérinaires; mais le nombre de ces derniers pour toute l'étendue de la haute Auvergne est tout au plus de neuf. Qu'est-ce que neuf vétérinaires pour plus de cent cinquante mille têtes de gros bétail, trente à quarante mille chevaux ou mulets, sans compter les moutons et les porcs? Supposons que sur cette population un individu sur cinquante ou soixante soit plus ou moins malade, chacun de ces vétérinaires, s'ils étaient seuls appelés, en aurait journellement à traiter quatre à cinq cents, atteints de maladies diverses, placés à une distance plus ou moins grande les uns des autres.

Un cri s'est fait entendre contre les *meiges*, les *empiriques*; il a retenti dans l'enceinte législative, mais toutes dispositions répressives ont dû être ajournées jusqu'au moment où les vétérinaires seront assez abondans pour suffire aux besoins. Pourrait-on, je le répète, abandonner aux soins de neuf ou dix vétérinaires, que je suppose tous éminemment dignes de la confiance publique; pourrait-on leur abandonner plus de deux cent cinquante mille têtes de bétail de toute espèce, de tout âge et de tout sexe, disséminées sur un sol montagneux de trois cent quatre-vingt-trois lieues carrées de deux mille toises, ou cinq cent quatre-vingt mille hectares?

Exportation du bétail de la haute Auvergne, et plus particulièrement de celui de Salers.

La population bovine du département du Cantal serait bien plus considérable qu'elle ne l'est ; elle égalerait, surpasserait même celle des départemens les plus favorisés en ce genre de richesse, si une très grande partie des bêtes bovines qui naissent sur nos montagnes n'en descendaient fort jeunes pour aller labourer dans une grande partie du royaume, approvisionner de nombreuses boucheries, et faire race en quelques contrées où l'on sait apprécier le beau bétail.

Aucune contrée de l'Europe, à territoire égal, n'exporte une aussi grande quantité de gros bétail que la haute Auvergne, et ce n'est pas d'aujourd'hui qu'a lieu cette immense exportation. Voici ce que disait, en 1697, M. *Le Fevre d'Ormesson*, intendant de la généralité de Riom :

D'après M. Le Fevre d'Ormesson.

« Les bœufs et vaches engraissés en Auvergne » fournissent les boucheries de la province du » Languedoc et même il en passe jusqu'à Paris, » sans compter ce qui se consomme sur les » lieux. Mais le principal commerce de cette » espèce se fait en bestiaux de trait pour le la» bourage et le charroi ; les provinces de Bour» bonnais, Nivernais, Berry, partie de la » Guienne et du Languedoc, le Limosin, la

» Marche, le Quercy tirent leurs bœufs de ser-
» vice de l'Auvergne ; il est même arrivé pen-
» dant la guerre que comme les entrepreneurs
» des vivres de l'armée d'Allemagne ont tiré les
» bestiaux qui leur étaient nécessaires de la
» comté de Bourgogne et de la Bresse, les habi-
» tans de ces mêmes lieux ont été obligés de
» faire de grands remplacemens, et pour cela
» les marchands sont venus jusqu'en Auvergne,
» où ils ont fait des achats fort considéra-
» bles (1). »

Ceci s'applique plus particulièrement à la haute Auvergne, qui, selon M. *Le Fevre d'Ormesson*, était plus riche en bétail que la basse.

D'après M. Desmarest *père.*

Long-temps après M. *d'Ormesson*, M. *Desmarest*, mon honorable confrère, a dit, d'après M. *Francourt*, que les bœufs qui naissent dans les montagnes d'Auvergne en descendent dès l'âge de trois ans pour travailler dans les plaines du haut Poitou, qu'ils passent ensuite dans les pâturages de la Normandie. Ceux d'entr'eux, ajoute-t-il, qui restent en Poitou sont engrais-

(1) *État de la France ;* par M. le comte *de Boulainvilliers.* Londres, 1727, in-folio, tome II, page 267.

sés au foin, aux environs d'Héraïe-Saint-Maixent et de la Motte-Saint-Héraïe, y constituent, dit-il enfin, une belle race, et sont connus sous le nom de *mottois* (1).

Cet article a été souvent reproduit; il est exact en ce point qu'un grand nombre de jeunes bœufs auvergnats s'écoulent vers le Poitou; mais ce n'est pas là leur seul débouché.

D'après M. Lullin de Châteauvieux.

M. *Lullin de Châteauvieux* dit que c'est des montagnes de l'Auvergne qu'est importé le plus grand nombre de bœufs, qui, après avoir été engraissés dans les herbages de la Normandie, alimentent à peu près seuls la consommation de la capitale (2).

Je me suis livré à ce sujet, pendant mon trop court séjour à la terre natale, à une espèce d'enquête. Voici la note qu'a bien voulu me fournir M. *Bonnefonds,* secrétaire de la Société d'agriculture, arts et commerce d'Aurillac.

---

(1) *Mammalogie*, déjà citée, page 501.

(2) *Lettres sur l'Agriculture de la France*. (*Bibliothèque universelle*. Janvier 1829.)

Renseignemens de M. Bonnefonds, *secrétaire de la Société d'Agriculture d'Aurillac.*

« Dans la partie montagneuse du départe-
» ment, notamment dans l'arrondissement de
» Mauriac (où est situé le canton de Salers),
» on vend les bœufs de trois à quatre ans, et
» il n'en reste presque pas au dessus de cet âge.
» Ce n'est que dans quelques parties de l'arron-
» dissement d'Aurillac et dans quelques com-
» munes de celles de Saint-Flour et de Murat
» que l'on conserve des bœufs jusqu'à dix ans;
» ces bœufs sont tous engraissés pour la con-
» sommation locale ou pour l'exportation. Ceux
» qu'on exporte sont, les uns, destinés à alimen-
» ter les boucheries des départemens de l'Avey-
» ron, du Lot, du Tarn, etc.; les autres, en
» beaucoup plus grand nombre, sont achetés
» pour le labourage, et revendus dans les dé-
» partemens de l'Allier, de la Nièvre et de la
» Vienne, où, après avoir travaillé un ou deux
» ans, ils sont définitivement engraissés et li-
» vrés aux boucheries du pays ou emmenés à
» Paris.

» Les bœufs sortis du Cantal n'y rentrent
» guère; le petit nombre d'exemples de cette

» émigration s'observe dans quelques cantons » limitrophes du Cantal, des départemens de » l'Aveyron, du Lot et de la Corrèze, qui se » fournissent chez nous de bœufs très jeunes, » qu'ils excèdent de travail, et nous les rendent » encore jeunes pour les engraisser, soit qu'ils » ne puissent plus les faire travailler, soit qu'ils » manquent de moyens d'engraissement. »

De M. Marty, *juge de paix à Saint-Cernin.*

« Des bouvillons de deux ans, m'a dit M. *Marty*, » sont encore achetés pour être conduits dans » les départemens de la Corrèze, de la Dordogne, » de la Haute-Vienne et de la Gironde : ils com- » mencent à travailler sur les sols les plus légers » de ces contrées; on les emploie plus tard sur » des terrains forts ; on finit par les engraisser à » la rave et au millet, et on les envoie aux bou- » cheries de ces départemens et à celles de la » capitale. Des bœufs de trois ou quatre ans » sont achetés en grand nombre dans les foires » de Mauriac, Salers, Fontanges, Trizac, Ap- » chon, pour être conduits dans les départemens » de la Vienne, des Deux-Sèvres, de l'Allier, etc. » On en achète de plus âgés dans les foires de

» Pleaux, d'Aurillac pour être conduits comme » bœufs de travail dans les départemens de la » Loire, de la Nièvre, du Cher, etc. Ces bœufs, » après avoir travaillé un certain nombre d'an- » nées, terminent leur destin dans les bouche- » ries des départemens qu'ils ont fertilisées ou » dans celles de la capitale : c'est ainsi qu'il » arrive de tous côtés à Paris des bœufs auver- » gnats, dont on méconnaît l'origine, les regar- » dant comme bourbonnais, saintongeois, limou- » sins, normands, etc., du nom des provinces » où ils se sont engraissés; comme ils étaient » sortis jeunes du lieu natal, ils ont perdu en » avançant en âge, en grande partie du moins, » les caractères de leur origine; ils se sont en » quelque sorte dénationalisés. »

De M. Joanny, *vétérinaire à Salers.*

M. *Joanny* m'a remis la note suivante :

« On vend dans les environs de Salers des » bœufs, des vaches, des bourrets et des ten- » drons.

» Les bœufs, qui font le principal revenu de » ce pays, se vendent à l'âge de trois ans et » demi; ils sont conduits dans le Poitou, le

» Berry, le Nivernais, etc. On vend aussi quel-
» ques vieilles vaches dans l'arrière-saison et
» au commencement du printemps suivant,
» qu'on nomme *manes;* elles sont conduites
» pour être salées et mangées à la Planèze et
» dans les départemens du Puy-de-Dôme et de
» l'Aveyron. Les bourrets sont en général con-
» duits dans le Limosin et le Poitou. Un grand
» nombre de tendrons garnissent les bouche-
» ries de l'arrondissement; quant aux doublons,
» on en garde beaucoup pour remplacer les
» bœufs qui seront vendus dans l'année. Les
» tendrons que l'on vend sont principalement
» des femelles; on ne se défait des mâles de cet
» âge qu'autant qu'ils auraient des défauts, ne
» fussent-ce que quelques taches sur la robe. »

De M. Felgère, *vétérinaire à Saint-Flour.*

« Le Cantal, m'a dit M. *Felgère*, vétérinaire,
» et maître de la poste aux chevaux, à Saint-
» Flour, fournit une grande quantité de bœufs
» au Poitou, à la Gascogne, au Vélay, au Gé-
» vaudan, au Forez. »

De M. Maurin, *vétérinaire à Mauriac.*

Je tiens de M. *Maurin* les détails suivans, qui

sont relatifs principalement aux bœufs de Salers, objet spécial de ce mémoire :

« Le commerce des bœufs est le principal
» commerce de l'Auvergne. On les vend géné-
» ralement à l'âge de trois ans, trois ans et demi
» au plus, et pour la plus grande partie à des
» époques périodiques, savoir : le 8 juin à la foire
» de Saint-Mari, à Mauriac; le 16 août à la
» foire de Saint-Roch, qui se tient dans la même
» ville; le 5 septembre, à la foire de Saint-
» Laurent, à Fontanges près Salers. Les bœufs
» qui se vendent au mois de juin vont dans
» la Franche-Comté, le Bourbonnais et le Poi-
» tou; ils sont destinés au travail. Les bœufs
» qu'on nomme d'*août,* parce qu'on les vend
» dans ce mois, sont achetés pour aller labourer,
» soit dans le Bourbonnais, soit dans le Niver-
» nais. Ceux de septembre sont enlevés, en plus
» grande partie, par des marchands du Poitou.
» Après avoir resté dans cette province jusqu'à
» l'âge de cinq à six ans pour travailler, ils pas-
» sent en Normandie pour travailler encore;
» après quoi, on les engraisse. Une très grande
» partie des bœufs qu'on mange à Paris sous le
» nom de normands sont des auvergnats, qui
» ont passé dans le Poitou, ou du moins ont

» été extraits de l'Auvergne par des marchands » poitevins, qui en revendent aussi en Picardie, » en Berry et ailleurs. »

Autres renseignemens.

M. *Maurin* passe sous silence la foire de Saint-Luc, qui s'ouvre à Mauriac, le 18 novembre, et où les Poitevins n'ont jamais acheté moins de quatre à cinq cents bœufs; il passe sous silence les foires de Salers, Fontanges, Saint-Chamant et Saint-Martin-Valmeroux, qui se tiennent en septembre et octobre, et où des marchands de l'Aveyron, de la Haute-Garonne et d'autres départemens du midi viennent acheter des génisses. J'ai vu à la foire de Saint-Géraud, qui se tient à Aurillac, le 14 octobre, bon nombre de marchands limosins, qui étaient venus acheter des tendrons mâles et femelles. Cette foire de Saint-Géraud, l'une des plus considérables de l'Auvergne, offre toujours beaucoup plus de veaux que de vaches et de bœufs.

La foire de la Saint-Urbin, qui se tient à Aurillac, le 25 mai, est encore plus abondante en bétail que celle de la Saint-Géraud; il s'y vend, en grand nombre, des bourrets de quatorze à quinze mois ; ils sont exportés dans le Quercy, le Limosin, le Périgord. Il y a aussi, le 7 août, également à Aurillac, une foire où il se vend beaucoup de bourrets et de doublons. Un assez grand nombre de ces derniers ont fait la monte des vacheries, et on les achète pour les employer encore à la reproduction.

Grande foire de Maillargues.

Les jeunes bêtes sont également les plus nombreuses à la grande foire de Maillargues près Allanches, qui s'ouvre le 10 octobre, et qui jadis durait cinq à six jours ; m'y trouvant en 1827, j'y ai vu sept à huit mille têtes de bétail et l'on m'a assuré qu'on en voyait autrefois jusqu'à vingt mille, sans compter une grande quantité de chevaux et de mulets. On se rappelait que, dans les premiers jours de la révolution, le général *Houchard* y avait remonté presqu'entièrement un régiment de cavalerie légère. Des marchands espagnols y achetaient un grand nombre de mulets. La foire du gros bétail durait trois jours : le premier, on vendait les bœufs de travail et les bêtes grasses ; le deuxième, les jeunes animaux ; le troisième, on présentait le rebut. Les choses sont bien changées : la foire ne dure qu'un jour ; elle n'offre guère que des veaux, des tendrons venus des montagnes voisines, presque rien de race de Salers. Même pauvreté en chevaux et en mulets : j'en ai été étonné, m'étant fait dès mon enfance une haute idée de la foire de Maillargues. On m'apprend que, depuis quelques années, cette foire va déclinant ; qu'il en est de même de celles de Fontanges, de Mauriac et même d'Aurillac. On attribue ce changement à la multiplication des petites foires, des petits marchés, surtout à l'usage d'acheter dans les étables. La plupart des bons éleveurs attendent chez eux les marchands ; un certain *Ribeyre* de Murat, qui, toutes les années, fait sortir de l'Auvergne, et plus particulièrement du canton de Salers plusieurs centaines de têtes de bétail, n'achète presque rien dans les foires.

Changemens observés depuis quelque temps dans le commerce du bétail.

C'est dans les étables et les petits marchés que, depuis deux ans surtout, se sont vendues les plus belles bêtes à cornes de Salers; jamais les étrangers ne les avaient recherchées avec tant d'empressement que depuis cette époque.

Ils enlèvent principalement les jeunes mâles; on a vu des bourrets de six mois vendus quatre cents francs; on a offert d'un bourret un peu plus âgé cinq cents francs, et le propriétaire n'a pas voulu le livrer à ce prix. Ces exemples ont été fort communs. J'ai cherché la cause d'un renchérissement qui suppose un plus grand mouvement dans le commerce du bétail. Les uns l'attribuent à l'augmentation progressive de la consommation de la viande en France, d'autres aux droits énormes équivalens à la prohibition dont on avait frappé l'introduction des bestiaux suisses, allemands, flamands; d'autres enfin à l'extension qu'on a donnée sur plusieurs points de la France aux prairies artificielles, circonstance qui, si elle procure la faculté de nourrir un plus grand nombre de bestiaux, n'ajoute rien à la facilité de faire des élèves; car c'est un genre d'industrie réservé aux pays de pacage.

Je pourrais dire encore que des voies nouvelles s'ouvrent tous les jours à l'exportation du beau bétail auvergnat : c'est ainsi que *Ribeyre* et d'autres gros marchands dirigent depuis quelque temps sur Nantua des troupes nombreuses de jeunes bœufs pour le travail; que d'autres troupes se rendent pour être consommées dans des contrées du midi où l'on ne connaissait guère auparavant d'autre viande que celle du mouton et du porc, et que, dans un grand nombre de départemens, on remplace avec succès pour les croisemens la race de Suisse par celle de Salers. Des bœufs auverguats s'introduisent depuis peu dans les riches herbages du Charolais et viennent ensuite alimenter les marchés de Ville-Franche et de Saint-Just, et de là les boucheries de Lyon.

Exportation du seul canton de Salers.

D'après des renseignemens assez positifs que j'ai recueillis sur les lieux, on exporte annuellement (terme moyen) du canton de Salers les bêtes suivantes :

Deux mille bourrets, y compris ceux encore tendrons, à quatre-vingt-dix francs pièce.	180,000 f.
Cinq cents doublons, à cent cinquante francs.	75,000.
Onze cents terçons, à deux cent cinquante francs.	275,000
Six cents vaches vieilles, à soixante francs.	36,000.
	566,000 f.

Comme on peut croire que la moitié de la population de la race bovine de Salers est dans le canton de ce nom, il faut doubler cette somme pour l'exportation annuelle des animaux de cette race ; ce qui fait un million trois cent trente-deux mille francs.

Le produit de cette exportation dépasse celui de la fabrication du fromage : en effet, nous avons reconnu que le canton de Salers en fabrique dix mille quintaux, et les autres, qui entretiennent la belle race, autant; total, vingt mille quintaux, à quarante-cinq francs le quintal : ce qui fait neuf cent mille francs.

Il est vrai qu'on ne comprend pas dans ce calcul le produit de la plus grande partie de la consommation locale des fromages d'Auvergne, ni la production du beurre, ni celle du mauvais fromage qu'on fait pendant l'hiver, ni le bénéfice de l'engrais d'un certain nombre de cochons à la montagne avec le petit-lait ; mais aussi les frais de fabrication sont considérables ; et si, tout balancé, le produit de la vente du bétail est de beaucoup supérieur à celui de la vente des fromages dans le canton de Salers, cette supériorité est plus grande dans les cantons où les domaines sans vacheries sont communs, parce que, dans ces sortes de domaines, il y a encore beaucoup de bétail à vendre et presque pas de fromages à fabriquer.

On n'engraisse point sur les lieux où ils naissent les bœufs de Salers, excepté toutefois ceux qui s'estropient. On les vend tous avant l'âge de trois ans et demi, après les avoir fait labourer un an ; on engraisse beaucoup de vaches et quelques mâles de race commune pour la consommation locale, ou l'on en achète de tout à fait gras.

Dans d'autres parties de l'Auvergne, notamment aux environs de Saint-Flour, on engraisse beaucoup de bœufs, qu'on exporte dans les départemens voisins. Les cantons qui engraissent élèvent peu, ne font pas beaucoup de fromage. Je manque de données pour évaluer le produit de l'exportation des bêtes grasses ; je puis néanmoins avancer que le produit de toutes les exportations du bétail dépasse de beaucoup non seulement à Salers, mais encore dans toute l'Auvergne, celui de l'exportation du fromage, et cette augmentation en bénéfices serait bien plus considérable si l'on faisait le sacrifice de quelques quintaux de fromages pour faire un plus grand nombre de beaux élèves.

L'élève des bestiaux et la fabrication des fromages se concilient à Salers.

Dans le canton de Salers et dans les autres contrées qui entretiennent la belle race d'Auvergne, on a tout à la fois beaucoup de fromage et de nombreux élèves à exporter. Les pacages d'été y sont excellens ; on a pour l'hiver beaucoup de fourrage ; on y soigne la reproduction ; on y voit quelques vaches qui donnent annuellement trois quintaux de fromage et même plus ; jamais on n'en a exporté un plus grand nombre de bétail que dans ces dernières années et à un prix plus élevé, et cependant l'industrie pastorale de cette contrée est susceptible de grandes améliorations.

On est convaincu, dans les autres contrées du département qui sont moins favorisées sous le rapport des herbages, qu'on ne peut y avoir de beau bétail qu'aux dépens de la production du fromage, et qu'on ne peut augmenter cette production qu'au détriment du nombre et de la qualité des bestiaux. On préfère la quantité du fromage dans les cantons de Vic, de Pierre-Fort, de Murat, Allanches et Marcénat, dans une partie du canton nord d'Aurillac, voisin du Puy-de-Griou et du Puy-Mari, sauf des exceptions trop peu nombreuses sur toute la chaîne du Cantal proprement dite. On est, dans ces contrées, dans l'usage de sevrer presque totalement le veau-d'élève dès qu'il a deux mois, c'est à dire au moment où les vacheries sont conduites à l'estivage : aussi le produit que les propriétaires de ces troupeaux retirent de la vente de leurs élèves est-il beaucoup moins considérable que celui qu'obtiennent des leurs les bons éleveurs de Salers, tout en faisant une plus grande quantité de meilleur fromage.

D'après des renseignemens positifs, nous avons évalué le produit de l'exportation annuelle bovine du canton éminemment pastoral de Salers à six cent soixante-six mille francs (1).

Cette somme provient de la vente de quatre mille deux cents têtes de bétail, et ce nombre est extrait d'une population de quatorze à seize mille animaux, se composant 1°. de cinq mille vaches de montagne; 2°. de leurs suivans, qui sont avec elles dans la proportion de trente sur

---

(1) Tout en faisant observer que cette exportation était, depuis quelques années, dans une progression ascendante.

quarante ; 3°. de ce qui reste à la ferme pour labourer, donner du lait, être engraissé, vendu ; 4°. de ce qui garnit les métairies dépourvues de vacheries de montagne : ainsi, il s'exporte annuellement du canton de Salers plus d'un quart de sa population bovine totale.

Aperçu des produits de l'exportation de la haute Auvergne.

Si la même proportion existait à l'égard de tout le bétail de la haute Auvergne, dont nous avons porté approximativement la population à cent soixante-dix mille têtes, nous aurions pour l'exportation totale du Cantal plus de quarante-deux mille têtes, parmi lesquelles cinq à six mille, qui sortent grasses de l'arrondissement de Saint-Flour pour garnir les boucheries des départemens voisins. Mais comme c'est le bétail commun qui fournit à la consommation locale; comme les petites métairies envoient, toutes proportions gardées, plus de veaux à la boucherie, nous réduirons le nombre cité à trente-deux mille têtes, tendrons, bourrets plus âgés, doublons, terçons, bœufs gras, vaches (presqu'aucune).

Soient, l'une comportant l'autre, ces têtes de

bétail au prix de cent soixante francs (1), nous aurons la somme de. . 3,920,000^{f}.

aurons la somme de. .	3,920,000^{f}.	6,170,000^{f}.
Quant à l'exportation du fromage, nous l'avons évaluée à vingt-cinq mille quintaux métriques, qui, à raison de 90 fr. le quintal, donnent.	2,250,000	
Différence en faveur de l'exploitation du bétail.	1,670,000^{f}.	

(1) Ce prix de cent soixante francs par tête exportée paraît très exagéré : c'est qu'on ne fait pas attention qu'on n'exporte que très peu de tendrons. Si on en vend beaucoup dans les foires, c'est pour être nourri pendant un an ou deux en d'autres parties de l'Auvergne où le fourrage est abondant. Ce n'est guère que dans le canton de Salers que les Poitevins achètent de jeunes bourrets au prix de quatre-vingt-dix à cent vingt francs. Les objets de l'exportation sont donc en général des doublons et des terçons, du prix de cent trente à deux cents francs. Il n'est pas rare de voir dans le canton de Salers des propriétaires vendre annuellement vingt bœufs de trois à quatre ans cinq cents francs la paire, et on ne peut pas livrer à un prix inférieur les cinq à six mille bœufs qu'on engraisse dans l'arrondissement de Saint-Flour.

Indépendamment de cette somme assez considérable de six millions cent soixante-dix mille francs, que le Cantal retire tant de la vente de son bétail que de celle de son fromage, il obtient encore de son industrie pastorale à peu près tous les moyens de sa consommation en cette dernière denrée, ainsi qu'en viande de boucherie. N'attelant presque jamais les chevaux, n'achetant jamais de bœufs, le Cantal fait, avec les bêtes bovines de son cru, tous ses labours et tous ses charrois.

Les vaches non fromagères lui donnent beaucoup de lait, qui est consommé en nature ou converti en beurre. Les vaches de montagne fournissent, indépendamment du fromage et dans la proportion de trois ou quatre livres par quintal de celui-ci, un beurre extrait du petit-lait, nommé *beurre de montagne;* et le petit-lait ainsi dépouillé sert à élever des porcs et à les engraisser en partie; le nombre en est d'environ le tiers de celui des vaches : ces deux accessoires compensent les frais de fabrication du fromage et d'achat du sel. On doit mettre en ligne de compte le fumier recueilli pendant l'hivernage. Ces valeurs réunies ajoutent beaucoup au montant de l'exportation; mais tout cela n'est qu'un produit brut. Pour en dégager le produit net, but essentiel de tout genre d'industrie particulière, il faut évaluer, 1°. l'intérêt du capital, représenté par tout le bétail de la haute Auvergne; 2°. les frais d'exploitation, c'est à dire de nourriture, soins, etc.; 3°. les non-valeurs, c'est à dire mortalités, intempéries, et ces calculs ne seraient pas très faciles à faire (1); mais on peut arriver à des approximations, et les approximations sont presque les seuls élémens possibles d'une statistique.

Rente d'une vache à Salers comparée à celle d'une vache à Murat.

Voici une note que j'ai recueillie à Salers :

Débours d'une bonne vache de montagne :

Elle vaut 130 fr., dont l'intérêt du capital à 10 pour 100, y compris les chances et non-valeurs, est de. . . . . 13 fr.

Vingt-cinq quintaux métriques de foin

(1) Quel que soit le produit net, le produit brut peut être avantageux au pays, ne fût-ce que parce que sa création emploie des bras et met en mouvement des capitaux. On conçoit des spéculateurs, des industriels, qui, tout en se ruinant, enrichiraient l'État.

Report.	13 fr.
pour l'hivernage, à 4 francs.	100
Estivage sur la montagne.	20
Dépaissance dans les prés pendant environ cinquante jours.	20
Sel.	10
TOTAL du débours. . .	163 fr.

Produit :

Un quintal métrique de fromage. . .	90 fr.
Un veau, que la vache a produit et nourri seule jusqu'à l'âge de deux mois.	30
Beurre de montagne.	6
Nourriture d'une portion des cochons attachés à la vacherie.	6
Fumier pendant l'hivernage.	15
TOTAL du produit. . .	147 fr.

D'après ce calcul, le mode d'industrie qui fait toute la richesse de mon pays serait balancé en perte, pour le producteur, de onze francs par tête de vache même à Salers ; c'est loin de là néanmoins : en effet, la valeur vénale du foin, seule nourriture de notre bétail, est bien, année commune, de quatre francs le quintal métrique, y compris le transport ; mais pour en obtenir ce prix, il faut pouvoir le vendre et le transporter, ce qui n'est guère possible que dans le voisinage de quelques auberges et aux portes des villes qui, dans le Cantal, ne sont ni nombreuses ni très peuplées; encore un grand nombre d'aubergistes et de bourgeois propriétaires de chevaux ont-ils des prés à proximité et n'achètent point de foin (1). Cette denrée de grand encombrement, qu'on ne transporte pas bien loin par les chemins de la haute Auvergne, vaut, sur place, *vingt sous* le quintal, poids de marc, pour celui qui le récolte; c'est à ce prix que le pasteur, qui toujours doit être cultivateur, s'achète à lui-même le foin nécessaire pour l'hivernage de sa vacherie. Ainsi, l'hivernage de chaque tête lui revient à *cinquante* francs au lieu de cent; c'est un aveu que j'ai obtenu d'un grand nombre de pasteurs (2).

---

(1) Le plus grand commerce de foin de la haute Auvergne se fait avec le Gouvernement pour les dépôts d'étalons, les détachemens de cavalerie, de gendarmerie: ce sont les meilleurs marchés pour les marchands.

(2) Il se vend très peu de foin en Auvergne. En le livrant à quarante sous le quintal, on fait payer le transport et la convenance. Vendre à ce prix quelques mil-

D'un autre côté, si l'estivage et la dépaissance ont lieu sur les propriétés du pasteur, il faut rabattre un tiers : soit, pour cet article, vingt-sept francs au lieu de quarante.

Ce n'est pas tout, la vache, tout en faisant du fromage sur les montagnes, nourrit la moitié d'un veau : celui-ci, valant trente francs en montant, il en vaut soixante-dix en descendant; plus-value quarante francs, c'est vingt francs à mettre sur le compte de chacune de ses nourrices. Je ne dis rien de la fumure, soit du pacage, soit du pré; mais je ne dois pas passer sous silence la production du lait pendant l'hivernage, qu'on boit ou dont on fait de mauvais beurre ou de mauvais fromage qui ne se consomme pas moins dans la ferme. Ce petit article n'est pas moindre de quatre à cinq francs.

Ainsi, d'un côté, nous avons à diminuer la somme des débours de cinquante francs pour l'hivernage et treize francs pour le pâturage; total, soixante-trois francs. *Débours réel,* quatre-vingt-quinze francs au lieu de cent cinquante-huit.

---

liers de quintaux de foin représente largement le bénéfice d'une grande vacherie. Les bons domaines à vacheries de Salers rendent, produit net, quatre pour cent.

Nous aurons à augmenter le produit de vingt francs pour le nourrissage de la moitié d'un veau à la montagne et cinq francs pour le lait qu'on tire avant la mise-bas dans l'étable : total, vingt-cinq francs, qui, ajoutés à cent quarante-sept, font cent soixante-douze au lieu de cent cinquante-huit.

Débours, ci. . . . . 95 fr.
Produit, ci. 172

BALANCE en bénéfice ou
produit net. 77

J'ai omis à dessein à l'article *débours* les frais de fabrication du fromage, attendu qu'à Salers très peu de vaches en donnent moins de deux quintaux, et qu'un grand nombre dépasse cette quantité, et parce que le fromage de cette contrée se vend ordinairement trois ou quatre francs le quintal de plus que celui du reste de l'Auvergne. Ces deux articles font plus que couvrir les frais de fabrication du fromage de Salers.

Si au lieu d'une vache de Salers bien nourrie, on suppose une vache chétive, de Murat, par exemple, on aura :

Débours.

Intérêt d'un prix vénal de 80 fr. .	8 fr.
Hivernage, quinze quintaux métriques, au prix réel déjà assigné pour le producteur.	30
Estivage sur la montagne.	10
Dépaissance au pré.	15
Sel.	6
TOTAL.	69 fr.

Produit.

Soixante kilogrammes de fromage.	54 fr.
Beurre de montagne.	4
Veau.	20
La plus-value de ce veau étant de trente francs pendant le cours de l'estivage, la vache y ayant contribué pour un tiers (1).	10
Nourriture des cochons.	4
Fumier pendant l'hivernage . . .	10
	102
A défalquer. . .	69
Produit net. . .	43 fr.

au lieu de 77 francs.

(1) On n'a pas oublié que les veaux à Salers ont sur la montagne seulement deux nourrices, et trois à Murat.

Comme nous ne saurions nous dispenser de charger le débours des vaches de Murat des frais de fabrication du fromage, le produit net de chacune des vaches de ce pays est sans doute au dessous de quarante francs.

Fromage du Cantal ; ses débouchés.

Je dois faire observer que quarante-cinq francs le quintal est le prix ordinaire du bon fromage de Salers et non de celui du reste de l'Auvergne, et j'ai à me reprocher d'en avoir évalué à ce taux la masse entière. Nous eussions dû peut-être fixer la moyenne proportionnelle à quarante et un francs pour toute la haute Auvergne, et dès lors nous aurions à extraire deux cent mille francs de la somme de deux millions deux cent cinquante mille francs, montant de la vente de cinquante mille quintaux de fromage, poids de marc.

Ce fromage ne vaudrait que trente-six à quarante francs le quintal, s'il fallait s'en rapporter à M. *Meunier,* ingénieur en chef des ponts et chaussées, cité par M. *François de Neufchâteau* (1).

---

(1) *Mémoire sur le plan que l'on pourrait suivre pour parvenir à tracer le tableau des besoins et des ressources de l'agriculture française.* 1816, page 96.

Ne valût-il que ce prix, il se vendrait en gros, pour le producteur, plus que celui de Gruyères.

« Le maximum de leur prix (des fromages de » Gruyères), dit M. *Matthieu Bonafous*, a été de » quarante-deux francs le quintal (poids de dix-» sept onces) et le minimum de vingt fr. (1). »

Cette variation de vingt à quarante francs dans le prix en gros du fromage de Gruyères paraît singulière, celle du prix du fromage d'Auvergne n'a jamais offert de pareilles différences.

Quoi qu'il en soit, le premier est fort estimé; l'autre, la *forme*, ou mieux, *fourme* d'Auvergne, autrement dit *fromage des pauvres*, a peu de réputation. Il se consomme dans le Languedoc, la Guienne, la Saintonge; il s'y débite en détail à onze ou douze sous la livre, celui de Gruyères y vaut quatorze à quinze sous. C'est que le dernier a passé par plusieurs mains et a traversé les douanes avant d'arriver au consommateur: ce sont nos bouviers qui voiturent nos fro-

---

(1) *Coup-d'œil sur l'agriculture et les institutions agricoles de quelques cantons de la Suisse*; par M. *Matthieu Bonafous*. Paris, 1829, page 87.

mages et amènent en retour du vin, du sel, de l'huile, du savon, du fer.

Pour les habitans du pays, la fourme vaut en détail neuf sous la livre, et il s'y en consomme beaucoup plus qu'on ne pourrait le croire. C'est au commencement de l'hiver qu'on voit rouler sur les routes abruptes, qui tendent de la haute Auvergne dans le midi et l'ouest de la France, des files de trente à quarante attelages de bœufs, dont la marche est excitée par les chants plus bruyans qu'harmonieux de leurs conducteurs. Chaque convoi cherche à devancer les autres, attendu que, pour l'ordinaire, les premiers placemens de nos fromages sont les plus avantageux.

Croirait-on que ce commerce n'est point arrivé à la connaissance d'un écrivain d'ailleurs très recommandable, qui a traité, sous le rapport de la statistique, de l'agriculture française ? C'est le même qui, étant autrefois parvenu jusqu'aux frontières de la haute Auvergne, crut se trouver aux termes des routes et des pays civilisés (1). Voici, en effet, comment s'exprime M. *Lullin de Châteauvieux*, en parlant du pla-

(1) Page 13 du présent mémoire.

teau central de la France, dont les deux Auvergnes constituent la très grande partie : « Il » ne manque rien à ce pays sous le rapport de » l'élève, mais les propriétaires de troupeaux » pèchent entièrement par l'ignorance où ils » sont de tirer parti du laitage : singulière » omission dans un pays où le pâturage fait la » principale richesse !

» Rien cependant ne serait si facile que de » traiter ces laitages, soit en beurre salé pour » l'exportation, soit en fromages gras ou secs, » d'après les méthodes ou de Gruyères, ou de » Parme, *tandis qu'on ne sait ce que deviennent* » *ces laitages ; car ils ne circulent au dehors sous* » *aucune forme* (1). »

N'en déplaise à M. *Lullin de Châteauvieux*, il descend plus de fromage de la chaîne du Cantal, que de la chaîne des Alpes du pays de Gruyères. M. *Matthieu Bonafous* n'évalue, en effet, la masse de celui-ci qu'à trente mille quintaux, poids de marc (2), et nous avons évalué l'autre à cinquante mille. Le premier est la

(1) *Bibliothèque universelle*, partie d'agriculture, page 190 (*Lettre sur l'agriculture de la France*), par M. *Lullin de Châteauvieux*.

(2) Ouvrage cité de M. *Bonafous*, page 88.

fourniture de quinze mille vaches, composant l'alpage annuel; le second est le produit de trente-cinq mille vaches qui estivent annuellement. Le gruyère n'a sur les lieux qu'une valeur d'environ un million, tandis que la fourme rapporte aux producteurs deux millions cinquante mille francs.

Tentatives pour fabriquer en Auvergne du fromage de Gruyères.

M. *Matthieu Bonafous* fait observer avec beaucoup de raison que la qualité des fromages de Gruyères n'est point inhérente au sol et aux pâturages, et qu'il est possible de fabriquer ailleurs des fromages que l'on distinguerait difficilement de ceux du pays de Gruyères; je le crois d'autant plus, que j'ai la certitude que non seulement en d'autres parties de la Suisse, mais encore en Franche-Comté, on fait d'excellens fromages de Gruyères. On voulut aussi en faire en Auvergne vingt-cinq à trente ans avant la révolution. A cette époque, un grand propriétaire de vacheries fit venir des vachers suisses; mais ils furent si mal reçus par leurs confrères d'Auvergne que, très prudemment, ils se hâtèrent de s'en retourner. Les temps ont changé, et il n'y a pas jusqu'aux mœurs un peu âpres des Auvergnats, qui s'améliorent, n'en déplaise aux pessimistes systématiques : on a fort bien accueilli à Seyret, commune d'Anglard, canton de Salers, le nommé *Bonard*, vacher suisse, appelé par M. le baron *Sers*, préfet du Cantal, pour apprendre aux vachers auvergnats à faire du fromage de Gruyères. J'ai visité, le 8 octobre 1827, le mazut (buron) du sieur *Bonard.* L'estivade étant finie, je n'ai pas pu le voir opérer ; j'ai vu ses ustensiles, qui sont dans la forme de ceux des châlets suisses et tenus aussi proprement : il y manquait la chaudière ; car, faute de combustible, *Bonard* n'avait pas pu introduire l'usage de faire chauffer le lait, et cette manipulation lui paraît indispensable pour donner à la fourme les qualités de Gruyères; il avait sans doute opéré avec plus de méthode, surtout avec plus de propreté qu'on ne le fait en Auvergne. Ses fourmes ne pesaient que quarante-cinq livres au lieu de quatre-vingt-dix à cent vingt, et se rapprochaient par la saveur beaucoup plus du fromage de Hollande que de celui de Gruyères. Elles ont dû se conserver long-temps, tandis que les fourmes ordinaires s'altèrent et souvent se corrompent au bout de six mois. Mais le fruitier suisse a fait *moins de fromage* que les vachers d'Auvergne avec la même quantité de lait. Il a eu beau attribuer ce déficit à ce qu'il avait exprimé une plus grande quantité de sérosité et employé moins de sel, ces deux preuves d'une fabrication améliorée n'ont pas été appréciées. Les vachers et même la plupart des propriétaires du voisinage n'ont vu qu'un moindre produit d'estivage, d'autant mieux que le fromage du châlet suisse d'Anglard ne s'est pas vendu à un prix plus élevé que le bon fromage de Salers (1).

Si l'on pouvait présenter la fourme en concurrence avec le gruyère, on en obtiendrait en détail quatorze à quinze sous la livre, c'est à dire quinze à vingt francs de plus par quintal; mais il faudrait du bois, et tous nos pacages sont absolument déboisés. Les seuls pasteurs à proximité des forêts pourraient adopter sans trop de frais la méthode suisse de fabrication du fromage; mais peut-être ferait-on mieux encore d'introduire la méthode hollandaise.

---

(1) C'est qu'on n'en avait pas reconnu la supériorité, ne fût-ce que sous le rapport d'une plus longue conservation. Je crains bien que l'expérience n'ait été abandonnée.

Vices dans la fabrication des fromages du Cantal.

Celle d'Auvergne est très défectueuse, j'en ai signalé les vices dans un mémoire qui fut publié par les ordres de la Société d'agriculture du département du Cantal (1).

Voici les principaux de ces vices de fabrication :

1°. On pressure au hasard et presque toujours fort mal ; 2°. la pressure (*presore*) est assez souvent souillée d'ordures ; 3°. on brasse trop le caillé, ce qui fait que le sérum entraîne trop de butireux. La nourriture des porcs du buron est plus substantielle et le fromage moins gras ; 4°. on ne comprime pas assez des fromages énormes qui ont gardé beaucoup de sérum, le lait n'ayant pas été soumis à l'action du feu, qui en eût dissipé une partie. On devrait savoir néanmoins qu'il suffit d'une ou deux cuillerées de petit-lait pour corrompre une fourme d'un quintal et la rendre de rebut (2) ; 5°. on sale

(1) *Bulletin de la Société d'agriculture, arts et commerce du département du Cantal.* Août 1822. Aurillac, *Vialanes*, page 20 et suivantes.

(2) Les fromages *évidemment* de rebut doivent rester

comme on avait pressuré, c'est à dire au hasard; j'ai vu introduire quatre livres de sel dans des fourmes de soixante-seize livres et seulement trois dans des fourmes de cent vingt. Ce sel, qu'on a brisé grossièrement, s'accumule sur quelques points de la masse et le reste en est privé; 6o. enfin, les mazuts sont très mal tenus sous le rapport de la propreté. Le vacher et ses ustensiles exhalent une odeur peu agréable, ce qui ne doit pas être sans influence sur la fermentation caséeuse.

Quelques vues d'amélioration.

La fabrication de la fourme est donc très susceptible de perfectionnemens, et en la manipulant d'une manière convenable, on lui donnerait sans doute les qualités, je ne dis pas du fromage de Gruyères, mais d'un fromage plus précieux, celui de Hollande, et à cette amélioration pourrait se joindre la production d'une plus grande masse, et cela tant en augmentant

---

pour le compte du vacher : de là des discussions assez fréquentes entre lui et les propriétaires. Il serait à désirer qu'elles fussent portées devant des conseils de prud'hommes.

le nombre de vaches de montagne, qu'en substituant autant que possible les vaches qui donnent deux quintaux de fromage à celles qui n'en fournissent que cent vingt (1).

Tout importante qu'elle soit, la production du fromage n'est pas la branche principale de l'industrie pastorale de la haute Auvergne. Nous avons prouvé, par des données précises et contre l'opinion commune, combien lui était supérieure l'élève du bétail d'exportation : c'est cette élève qu'il faut perfectionner par dessus tout, sous le double rapport du nombre et de la qualité.

On a dit qu'à côté d'un pain naissait un homme, un bœuf peut bien naître à côté d'une botte de foin; mais il ne peut être élevé qu'autant que cette botte sera à bas prix, et surtout qu'autant qu'une très grande partie de son éducation aura lieu sur des pacages inaccessibles à la faux. Telle est l'heureuse position de l'Auvergne. Là, le pasteur qui fauche et serre le fourrage de son cru l'obtient, pour l'hivernage de son bétail, à raison de *vingt sous* le quintal,

(1) Deux cents livres de fromage sont, selon M. *Matthieu Bonafous*, le produit moyen annuel de chaque vache du pays de Gruyères. (Ouvrage déjà cité, page 88.)

l'estivage (alpage, pour me servir d'une expression suisse) est plus économique encore.

Que faut-il faire pour multiplier le bétail auvergnat, en d'autres termes pour augmenter le fourrage en Auvergne? On se gardera bien d'adopter la *stabulation* permanente (1), tant recommandée depuis *Tschifelli.* Mais, d'un côté, on s'efforcera à rendre plus étendus et plus productifs les pacages; de l'autre, on augmentera les moyens d'hivernage, toujours à raison de vingt sous le quintal de foin ou de la masse d'autres végétaux équivalant à ce quintal en propriétés nutritives.

On peut élargir les pacages en y ajoutant six ou huit mille hectares, qu'on écobue pour en obtenir de loin en loin quelques chétives récoltes de seigle ou d'avoine; et pourquoi ne pas réduire en pacages les prés qu'on ne peut pas arroser, la plupart éloignés de la ferme, et qui ne produisent en fourrage, à égalité de surface, qu'à peu près le tiers de ce qu'on obtient des prés soumis à l'irrigation? Croirait-on que, dans un département que sillonnent tant de

---

(1) J'ai cru pouvoir me permettre ce néologisme; ce mot, dérivé du latin *stabulatio*, me paraît manquer à la langue agronomique.

cours d'eau, l'étendue des prés secs est à celle des prés arrosés comme sept à un ?

Pourquoi se contenter de distribuer habilement les eaux du voisinage, tandis qu'à la faveur de dérivations lointaines on pourrait attirer celles qui coulent inutilement sur des terrains supérieurs ? Ne pourrait-on pas aussi, à l'aide de l'hydraulique, soulever les eaux fluentes dans les lits profonds? La constitution géognostique de l'Auvergne se refuse-t-elle au système des puits artésiens ? Ne sait-on pas que de toutes les améliorations en agriculture les plus importantes et souvent les plus faciles résultent du déplacement de l'eau ? Deux bons exemples ont été donnés à cet égard : l'un, par M. *Marty*, aux portes d'Aurillac ; l'autre, par M. *Daudin*, dans la commune d'Arpajon, même canton, et ils n'ont presque pas eu d'imitateurs.

Je sais que, malgré le zèle et l'habileté, on ne pourrait faire arriver de l'eau sur toutes les prairies sèches ; mais alors pourquoi ne pas les changer en montagnes? C'est sans doute parce qu'en raison de leur peu d'étendue on ne pourrait y estiver qu'un petit nombre de vaches, et l'on est convaincu que la moindre vacherie doit être de vingt-sept têtes, sans compter sa suite ; mais que l'on adopte le système des fruitières par association, et le propriétaire d'un petit nombre de vaches apportera, comme celui qui en possède beaucoup, son lait au *mazut* social, et recevra, au *prorata*, du fromage et du beurre.

« Partout, a dit M. *Bosc*, où les fruitières » sont établies, on remarque une grande amé» lioration dans l'aisance des cultivateurs et dans » la nature des bestiaux (1). » Le même agronome dit plus haut : « Il serait à désirer que le » régime des fruitières s'établît partout pour » l'avantage des propriétaires de vaches et pour » la société en général (2). »

Que ce système s'établisse chez nous, et la récolte de nos fromages augmentera d'un tiers en se perfectionnant.

Ces fruitières seraient sans doute fixes dans les lieux où on les établirait; mais les mazuts de nos montagnes, pourquoi ne pas les promener sur les pacages? Ils sont construits en général avec tant de simplicité, qu'on pourrait les abandonner à peu près comme les charbonniers, les sabotiers quittent leurs cabanes dans les forêts pour les construire ailleurs : par cette

---

(1) *Nouveau Cours d'agriculture*, cité, tome VII, page 176.

(2) *Idem*, page 173.

méthode, chaque portion de la montagne deviendrait fumade à son tour, et chaque montagne nourrirait un plus grand nombre de têtes de bétail.

Voilà pour l'estivage : l'hivernage doit être en rapport avec lui, du moins en ce qui concerne les vaches ; car on n'en vend pas en automne pour en racheter au printemps. Il y a peu de bénéfice à vendre la vassive trop jeune ; il faut d'ailleurs garder ce qui est nécessaire pour recruter le troupeau et renouveler les bêtes de travail ; il faut donc augmenter les ressources de l'hivernage dans la même proportion que se sont accrus les moyens d'estivage : comment y parvenir ? Faut-il étendre sur tous nos prés, sur toutes nos terres arables le système de la culture alterne, tant recommandé par la plupart des agronomes, et qui, en Angleterre, a produit des miracles ?

« Sur la demande de la chambre des lords » au conseil d'agriculture, il a été fait en dé- » cembre 1800 une enquête très étendue sur » les meilleurs moyens de convertir certaines » portions d'herbages en terres arables sans » épuiser le sol et, après une certaine période, » de les remettre en herbages dans un état » amélioré ou du moins sans détérioration. Les

» informations recueillies par le conseil ont » été extrêmement satisfaisantes et d'une haute » importance (1). »

(Sur une surface donnée, on a obtenu trois fois plus de produits.)

Malgré ces résultats, nous sommes bien convaincu que l'alternat ne peut avoir lieu avec succès que sur des terrains secs ou faciles à égoutter. Nous nous garderons bien de proposer la conversion en terres arables des prairies qu'on arrose à volonté, de celles qui, couvrant les vallons, reçoivent la manne des montagnes, entraînée par les pluies, de celles surtout qui, s'étendant aux portes des villes, en reçoivent d'abondans engrais et leur fournissent des fourrages à un prix élevé. Mais quelque bonnes que soient ces prairies, on peut encore en augmenter la fécondité en jetant du fumier dans les réservoirs, les rases et les rigoles : c'est ce qu'on peut faire si, avec plus de bétail à l'étable, on a moins de terres arables à fumer. Il faut réduire et de beaucoup la surface emblavée dans le Cantal. Qu'est-ce que des terres labourables qui valent

(1) *John Saint-Clair*, *Agriculture théorique et pratique*; traduction de M. *Mathieu de Dombasle*, t. I, page 264.

deux cent cinquante francs l'hectare ? et nous en avons beaucoup de cette espèce, tandis que j'ai vu près d'Aurillac un pré valant dix mille francs l'hectare (1).

Le *primo pascere* du vieux Caton s'applique d'une manière spéciale à la haute Auvergne. Que les plaines de la Beauce se couvrent de guérets ; que les pampres de la vigne s'étendent sur les flancs de la Côte-d'Or, c'est du fourrage que l'Auvergnat doit demander à son terrain basaltique, toute autre culture doit être pour lui très secondaire ; qu'il récolte abondamment des fromages et des bœufs, et qu'il achète du *blé* comme du vin, il s'enrichira par ce commerce.

Après avoir réduit le *plus possible* ses terres arables, le pasteur doit soumettre à l'alternat le peu de ce sol qu'il croira devoir conserver encore. Toutes les terres à froment et un grand

---

(1) Un agronome lyonnais, M. *de Taluyers*, a retiré dix mille francs de rente d'un tènement qui jadis rapportait quinze cents francs. Quelle a été la cause de ce changement ? Un cours d'eau heureusement découvert et habilement dirigé. On voit une magnifique prairie à la place de deux vastes champs de seigle donnant trois pour un. (*Voyez Compte rendu des travaux de la Société d'agriculture de Lyon*. Année 1824.)

nombre de celles à seigle supportent le trèfle, les raves, les pommes de terre; celles qui ont du fond admettent la luzerne, toutes se couvrent aisément de graminées fourrageuses : ainsi, que les bons prés naturels soient seuls permanens, et que tout le reste du terrain cultivable soit tour à tour prairie et champ de blé, et le plus souvent sous le premier état (1), et fût-il deux fois plus nombreux, le bétail d'Auvergne trouvera en abondance du fourrage à l'étable après avoir pâturé sur des pacages substantiels.

Mais ce n'est pas assez de multiplier notre bétail, il faut encore en perfectionner la race. Faut-il pour cela y introduire du sang helvétique? Je ne le pense pas, et je me propose d'exposer mes raisons dans un travail particulier. Je prouverai, je l'espère, que c'est la race de Salers qu'il faut généraliser dans toute la haute Auvergne, en la conservant dans toute sa pureté. J'exposerai quelques moyens qui me paraissent propres à atteindre ce but; je signa-

(1) On sent qu'il ne doit plus être question, dans ce système, de baux à ferme de cinq à sept ans. Croirait-on que nous en avons en Auvergne dont la durée est plus courte encore?

lerai les obstacles qu'il faudra surmonter et les avantages qui accompagneraient le succès. Ces considérations sont susceptibles de grands développemens ; elles m'eussent entraîné bien loin au delà des bornes que je me suis prescrites.

Le travail que je viens de terminer et celui que je projette ont été l'un et l'autre inspirés par le sentiment de la terre natale qui suit les Auvergnats dans toutes leurs émigrations laborieuses, et qui, dans quelques lieux qu'ils soient, ambulans ou fixés, s'accompagne de l'espoir d'aller se reposer dans la tombe de leurs aïeux.

Pro patria.

TABLE DES MATIERES.

Imprimerie de Madame HUZARD (née Vallat la Chapelle), rue de l'Éperon, n°. 7. (Décembre 1831.)

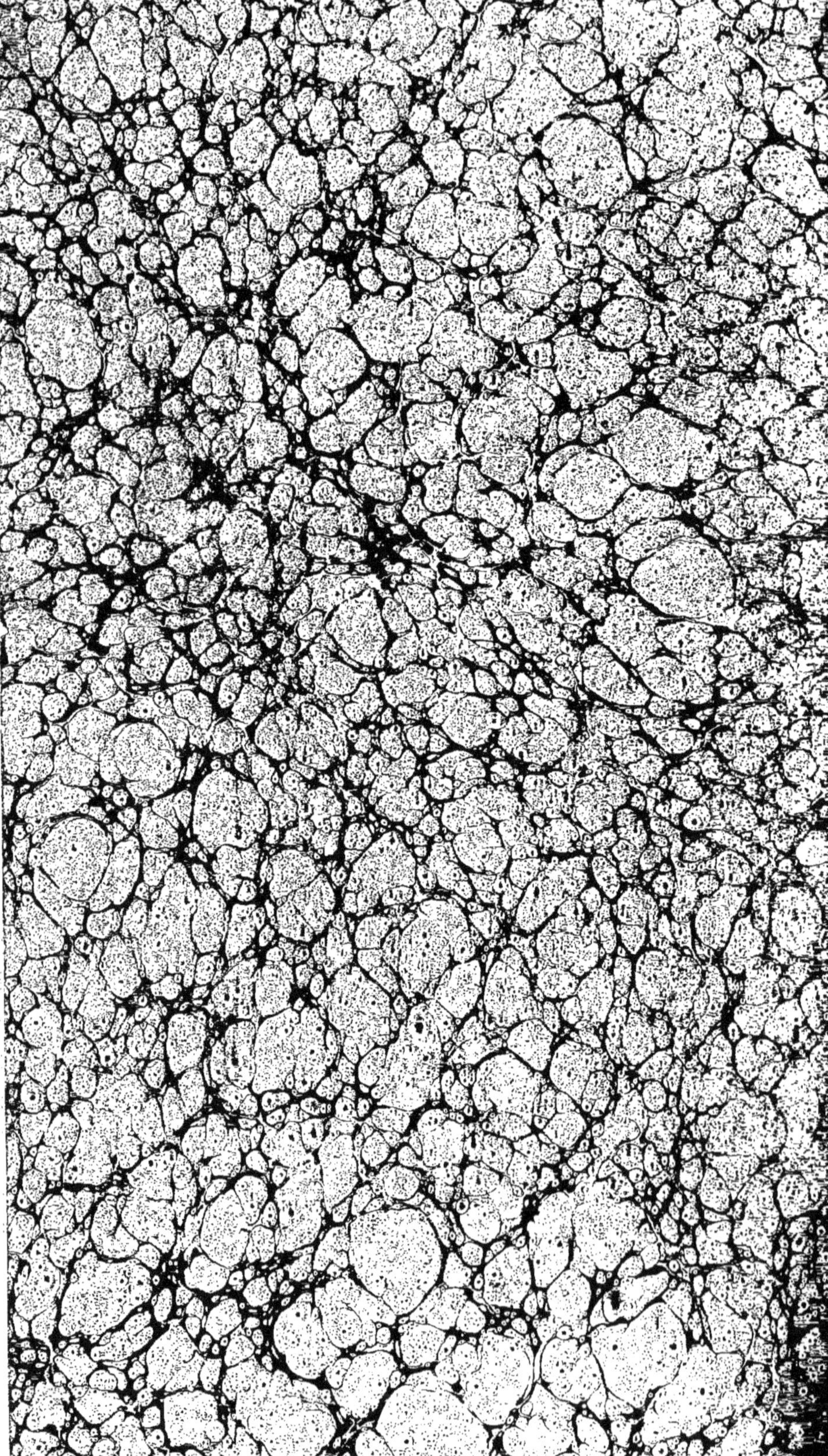

IN
S

www.ingramcontent.com/pod-product-compliance
Lightning Source LLC
Chambersburg PA
CBHW050127210326
41519CB00015BA/4130

9782019602116